KB215351

# LA CONCIENCIA CONTADA POR
# UN SAPIENS A UN NEANDERTAL

LA CONCIENCIA CONTADA POR
UN SAPIENS A UN NEANDERTAL

# 사피엔스의 의식

후안 호세 미야스
후안 루이스 아르수아가 지음

남진희 옮김

스페인 최고의 소설가와 고생물학자의 뇌 탐구 여행

틈새책방

# '난 누구인가?'라는
# 근본적 질문에 대하여

물리학자와 시인의 대화, 생물학자와 화가의 여행. 언뜻 전혀 어울릴 것 같지 않은 조합이지만, 그 안에서 기적 같은 책이 탄생한다. 《사피엔스의 의식》 역시 그러하다. 진화 고생물학자 후안 루이스 아르수아가와 소설가 후안 호세 미야스는 이제 세 번째 동반 산책에 나선다. 첫 번째 산책에서는 '생명'을 이야기했고, 두 번째 산책에서는 '죽음'을 들여다보았다. 이제 그들은 '의식', 곧 인간이 가진 도덕성과 자의식을 마주한다.

이 책은 '의식'이라는 주제를 생물학, 철학, 심리학, 뇌과학, 인류학, 그리고 문학까지 넘나들며 다룬다. 특히 '인간의 도덕성은 어디에서 비롯되는가', '타인의 고통을 감지하고 공감하는 능력은 어떻게 진화했는가', '왜 인간은 자신을 반성하고 죄책감을 느끼는가' 같은 질문들이 중심에 놓인다. 아르수아가는 진화생물학자로서 뇌의 발달과 신경 구조, 생존을 위한 협력의 조건, 그리고 선사 시대 인류의 삶을 통해 양심의 기원을 설명한다. 미야스는 소설가 특유의 감각으로 그 설명을 붙잡고 질문하고 의심하며 독자를 대신해 대화 속으로 들어간다.

이 책의 탁월함은 과학의 언어와 문학의 언어가 조화를 이루는 데 있다. 진화생물학자가 전하는 지식은 깊고 넓지만 결코 딱딱하지 않다. 소설가는 그 지식에 인간의 표정과 목소리를 불어넣는다. 독자는 이 두 사람의 산책을 따라가며, 과학을 배우고 동시에 인간이라는 존재를 다시 들여다보게 된다. 복잡한 이론을 외워야 하는 독서가 아니라 옆에서 이야기를 듣는 듯한 자연스럽고 유쾌한 독서다.

무엇보다 이 책은 '나는 누구인가'라는 가장 근본적인 질문을 다시 던지게 만든다. 인간의 도덕성은 본능인가, 학습된 것인가? 우리는 왜 선의를 베풀고, 왜 죄책감을 느끼며, 왜 죽은 타인의 안식을 빌까? 이 질문들은 단지 과학적이거나 철학적인 사유로 그치지 않는다. 그것은 독자의 내면 깊은 곳을 흔들고, 스스로를 돌아보게 만든다.

《사피엔스의 의식》은 과학서이자 철학서이며, 동시에 자전적 성찰의 기록이다. 과학에 대한 교양을 쌓고 싶은 독자, 인간 존재에 대해 사유하기 좋아하는 독자, 노년의 지혜와 여유로 삶을 정리하고 싶은 독자 모두에게 권하고 싶은 책이다. 세 번째 산책을 마치고 나면, 우리는 전보다 조금 더 '의식 있는 인간'이 되어 있을 것이다. 앞선 두 번의 산책도 꼭 함께하시길 바란다.

이정모 (전 국립과천과학관장)

# 차례

출판사가 아르수아가와 나를 마드리드 도서전의 사인회에 초대했다. 사인회를 체계적으로 진행하기 위해, 내가 먼저 사인을 해서 그에게 책을 건네면, 그가 두 번째 사인을 하기로 했다. 그러나 고생물학자는 단순히 사인만 하지 않고 사람들과 끊임없이 대화를 나누었고, 그 결과 내가 사인을 마친 책들이 그의 책상에 산더미처럼 쌓이다 못해 급기야 무너져 내리기까지 했다. 나는 모르는 사람과도 금세 인연을 맺는 그의 능력을 속으로 무척이나 부러워했다. 사인을 부탁하는 사람과 사인하는 사람이 서로 눈을 마주칠 때 순간적으로 만들어지는 찰나의 친밀감을 어떻게 풀어야 할지 몰라 나는 너무 부담스러웠다(능동적으로 관리해야 한다고 코치를 받긴 했지만 말이다). 그래서 그런 절차가 안겨 주는 무게를 덜고 싶었을 것이다.

"사인이 끝나도 잠깐만 남아 있어 주세요. 선생님께 한 가지를 보여드리고 싶어요." 아르수아가가 나에게 당부했다.

문제는 그보다 한 시간 전에 내 할 일이 다 끝나 버렸다는 점이었다. 집이든 어디든 가야 할 곳을 향해 자리를 떠야만 했다. 타고난 조바심에다가(여자 친구는 내 흉내를 내면서 이렇게 말하곤 했다. "서둘러, 서두르라고! 그래야 어디든 늦지 않을 수 있어.") 전립선 문제도 있었다. 헤밍웨이처럼 스탠딩 책상을 사용하여 서서 작업을 하지 않고, 날마다 앉아서 소설을 쓰다 보니 전립선이 너무 비대해졌고, 결국 보통 사람들 이상으로 자주 방광을 비워야만 했다. 게다가 레티로* 도서전에선 프라이버시를 보장받으며 소변을 보는 것이 불가능하다는 사실을 이미 이야기한 적이 있다. 시에서 방문객들에게 제공한 간이 화장실에는 사람들이 끝도 없이 줄을 서 있었고, 작가를 알아보는 것이 조금도 이상하지 않은 독자들 역시 엄청나게 줄을 서 있었다.

---

\* 　마드리드를 대표하는 공원이자 행정 구역의 이름. 프라도 미술관에서 멀지 않은 곳에 자리 잡고 있다.

"작가들도 소변을 볼 줄 몰랐어요." 내 앞에 서 있던 한 독자는 이렇게 이야기했다.

나는 소심하게 작가들도, 최소한 나 같은 작가들은 당연히 소변을 본다고 털어놓았다. 그렇지만 나는 이 약점 때문에 죄책감을 느껴야 했다. 아무튼 나에게 자기 자리를 선뜻 양보하는 친절을 베푼 그 독자를 실망시킨 것이 너무 유감스러웠다.

이런저런 이유로 아르수아가는 결국 약속했던 것을 나에게 보여 주지 못했다.

도서전이 끝나고 어느 날 아침 9시, 아르수아가의 사무실이 있던, 카를로스 3세 건강 연구소 근처의 멜리아 호텔에서 만나기로 약속을 잡았다. 나는 앞에서 언급한 조바심 때문에 일찍 도착했다. 호텔 숙박객이라고 상상하며 카페에 자리를 잡았다. 나는 시외로 나가지도 않았는데 마드리드 교외에 나와 있는 듯한 느낌에 정말 기분이 좋았다. 마치 모험과 안전에 대한 확신이 한 바구니에 담긴 듯한 기분이었다. 나는 고생물학자가 자리에 앉자마자 이렇게 이야기했다.

"외국인이 된 듯한 기분을 내기 위해서라도 될 수 있으면 호텔에서 만나기로 합시다."

나는 그가 내 제안에 관심을 가질 거라고 믿었다. 그러나 그는 백팩에서 《잃어버린 시간을 찾아서》 1권을 꺼내 프루스트가 썼던 문장을 나에게 보여 주는 것으로 대답을 대신했다. 그 문장 속에서 프루스트는 차에 적신 마들렌을 먹은 후, 어린 시절의 한 장면을 소환하고 있는 몽롱한 기억에 빠져들고 있었다.

큰소리로 한 구절을 읽고 단어 하나하나를 기분 좋게 되씹더니, 책을 덮고 다시 나에게 눈길을 주었다.

"여기에 뇌와 기억이 어떻게 작동하는지에 대해 보편적으로 인정받는 내용이 완벽하게 나와 있습니다. 프루스트는 이 문장에서 현대 신경 과학이 신경계의 구조 분석을 통해 내린 결론에 도달하고 있습니다."

"냄새가 과거의 이미지를 불러내는 능력에 언제나 전율을 느꼈어요." 나도 인정했다.

"이것은 그 이상이에요." 그는 흥분한 목소리로 덧붙였다. "뇌가 어떤 식으로 작동하는지에 대한 설명까지 들어 있어요."

이 말을 마치고 그는 다시 백팩을 열고, 이번엔 셀로판지에 싸인 마들렌 두 개를 꺼내, 나에게 하나를 건넸다.

"이것은?" 나는 공장에서 만든 빵 종류는 될 수 있으면

사피엔스의 의식

피하고 싶어서 물어보았다.

"일단 마들렌을 먹고, 무슨 일이 일어나는지 한번 지켜보면 어때요?"

우리는 마들렌을 차에 적셔 먹었지만, 내가 하고 있던 다이어트에 문제가 생긴 것을 제외하곤 아무 일도 일어나지 않았다. 사실 나는 과일에 들어 있던 당분을 제외하곤 설탕을 섭취하지 않고 있었다.

"프루스트가 언급한 마들렌은" 아르수아가는 조금은 실망한 듯한 투로 이야기했다. "이런 것은 아니에요. 마드리드에도 '프루스트의 마들렌'이라는 가게가 있긴 한데, 그곳에도 사실 프루스트의 마들렌은 없어요. 하지만 마들렌을 만들 때 산티아고 순례길을 상징하는 가리비처럼 생긴 틀을 사용했는지 골은 패여 있죠. 인터넷에서도 볼 수 있어요."

"믿기 어렵지 않아요? '프루스트의 마들렌'이란 표현이 냄새와 기억 사이의 관계를 빗대는 용어가 될 만한 힘을 가졌다는 것이요. 사실《잃어버린 시간을 찾아서》를 직접 읽은 사람은 몇 안 돼요. 그런데 많은 사람이 이 문장의 의미가 지닌 다소 모호한 생각은 알고 있죠."

"무의식적인 의식의 흐름을 멋지게 문학적으로 서술한

작품이죠. 정신적인 통제를 벗어난 의식의 움직임이요. 정보가 아닌, 감정에 초점을 맞춰 뇌가 어떻게 작동하는가를 멋지게 설명하고 있어요."

"정신에 관한 책을 읽고 싶을 때 첫 작품으론 좋은 선택이 될 수도 있죠."

"우리는 코가 아니라 뇌로 냄새를 맡아요." 고생물학자는 말을 이어 갔다. "눈이 아니라 뇌로 보는 것과 마찬가지요. 우리는 이 모든 걸 뇌를 통해 실행하고 있어요. 하긴 아무도 프루스트의 텍스트를 신경 과학의 관점에서 분석하지 않고 있다는 점이 좀 놀랍긴 해요. 특히 1장의 마지막 문단이 정말 마음에 들어요. 다시 한 번 읽어 드릴 테니까 잘 들어보세요. '레오니 아주머니가 나를 위해 준비해 준 보리수차에 적신 마들렌의 맛이라는 것을 깨닫는 순간, 아주머니의 방이 있던, 거리에 접해 있던 회색의 오래된 집이 떠올랐다. 무대 장치와 같은 집으로, 뒤편 정원에 지어졌던 부모님을 위해 지은 작은 별채와도 잘 어울리던 곳이었다…' 이 구절은 아무리 읽어도 질리지 않아요!"

잠시 경건하다 싶을 정도의 침묵이 흘렀다. 고생물학자는 배낭에서 또 다른 물건을 꺼냈다. 처음엔 마술사의 실크해트 같았는데, 자세히 보니 플라스틱으로 만든 조그마한 인간의 머리였다. 뚜껑을 벗길 수 있는 머리 모형으로, 뇌에 접근할 수 있게 두개골도 열 수 있었을 뿐만 아니라, 여러 개의 조각으로 이뤄졌는데 각각의 영역을 다른 색으로 칠해 놓은 것이 특징이었다.

"몇 년 전에 아이들이 나에게 기가 막힌 선물이라고 줬는데, 얼마나 잘 만들어졌는지 한번 보세요. 이것들이 우리 머리에 있는 거예요."

"신경계의 통제실인 셈이네요. 겨우 1.5킬로그램밖엔 안 되는데."

"맞아요. 몸무게의 2퍼센트밖엔 안 되지만 전체 에너지 소모량의 25퍼센트 정도를 쓰고 있단 사실을 떠올려 보세요. 이 부분을 우리는 대뇌라는 단어를 사용하여 부르지만, 뇌라고 불러야 해요. 두개골 안에 있는 모든 부분을 전체적으로 부르는 단어가 뇌이니까요. 대뇌는 뇌에서 가장 덩치가 큰 부분이죠. 한번 만져 보세요."

"그럴게요."

"뇌는 어떤 부분들로 이루어져 있는지 볼까요? 우선 두 개의 반구로 이루어진 대뇌가 있고, 소뇌와 뇌간이 있죠. 가장 흥미로운 부분은 우리가 두 발 동물이기 때문인지 뇌가 상부와 하부로 나뉘어 있다는 거예요. 그런데 대뇌는 상부에 있어요. 여기까진 이해하겠죠?"

"지금은요." 나는 그가 장난감 모형의 뚜껑을 열었다 닫았다 하는 것을 지켜보면서 대답했다. 그런데 내가 장난감을 만지려고 하자 그는 가볍게 내 손을 밀쳐냈다.

"후각은 아주 특별한 감각이에요. 다른 감각들과는 달리 감정을 유발하는 아주 특별한 능력이 있죠. 이는 냄새가 중개 역할을 하는 수용체 없이 직접 뉴런, 즉 우리가 뇌라고도 하는 뉴런까지 바로 가기 때문이죠."

"그렇다면 후각 자체가 바로 뇌인 셈이네요?"

"맞아요. 코에 대뇌가 있는 셈이죠. 그래서 순수하단 것이고 기가 막힌 감수성을 지녔다는 거예요. 미각은 물체와 뉴런 사이를 중개하는 미뢰(味蕾)를 가지고 있어요. 미각과 후각 모두 대뇌 피질에 가까운 곳에 자리 잡고 있지만, 서로 다른 경로를 통해 전달되죠. 여기에서 가장 중요한 점은 후각 뉴런은 대뇌 피질에 직접 연결되어 있다는 거예요. 다른 감각들은 그렇지 않아요. 대뇌 피질에 가는 길에, 앞으로 자주 이야기할 시상(視床)이라고 부르는 중간에 있는 구조를 거치거든요."

그는 뇌의 각 부분의 명칭을 이야기할 때마다 해당 부분을 분해해 보여 줬다. 그렇지만 이것은 마치 나에게 잘 모르는 나라의 지도를 가져와 각각의 지방 이름과 그 특징을 머리에 잘 담아 두라는 것과 똑같았다. 비록 그에게 털어놓진 않았지만, 솔직히 나는 이를 포기했다. 실제로는 무한에 가까운 (표면과 안쪽 모두에 신비하게 분포된 800억 개에서 1,000억 개 사이의 뉴런), 그렇지만 겉보기엔 소우주인 이 세계에 조금씩이라도 부딪혀 보라는 희망이 섞인 것이긴 했다.

"반드시 알아야 할 것이 있어요." 내가 어려워하고 있다는 사실을 깨달았는지 이렇게 말을 덧붙였다. "향수나 음식 냄새를 맡았을 때 냄새가 코에 도착했다면, 그것은 비물질적인 것이 아니라, 오히려 물질적이라는 사실을 깨달아야 해요. 향수나 음식물의 극미량의 입자, 즉 물질 입자가 직접 뉴런과 접촉하게 되는 거예요."

"그렇게 이야기해 주니까 이해하겠어요. 예를 들어, 장미 냄새는 비물질적이라고 믿고 있었거든요. 말하자면 장미의 영혼 같은 거요."

"언제나 사물에 대해 이중적인 인식에 빠져 있다는 생각을 하곤 했어요. 은유로는 괜찮을지는 몰라도 사실과는 부합하지 않지요."

이때 마침 이 호텔에 머물고 있던 고생물학자의 친구가

나타났다. 고생물학자는 나에게 그를 소개했다. 영국 레스터 대학교의 시스템 신경 과학 센터의 교수이자 소장으로, 과학적인 개념과 보편적인 의미에서의 문학과 예술을 연결한 《보르헤스와 기억》이라는 책을 쓰기도 한 연구자인데, 이름은 로드리고 키안 키로가라고 했다. 형식적으로 인사를 나눈 다음, 아르수아가는 이번에는 로드리고 키안 교수의 도움을 받아 가며, 몇 개 층으로 나누어진 대뇌의 가장 깊숙한 곳으로 파고 들어갔다. 로드리고 키안 교수는 해마의 기능으로 이야기를 넓혀 갔다. 나는 그들이 나누는 이야기의 세세함에 매료되어 두 사람 모두에게 연신 고개를 끄덕였지만, 각각 양쪽에 앉아 있었기 때문에 왼쪽과 오른쪽에서 받은 정보를 하나로 통합하기가 너무 힘들었다. 그래서 탁월한 두 명의 지성을 서로 연결하는 일을 맡은 일종의 뇌량(腦梁)* 같다는 생각까지 들었다.

다시 정신을 차린 순간, 로드리고 키안 교수가 하는 말이 귀에 들어왔다. 몇 년 전부터 간질 환자의 해마에 연결한 전

---

* 인간의 좌우 대뇌 사이에 위치해 이들을 연결하는 신경 세포의 집합. 이 신경 섬유 다발은 반구 사이의 세로 틈새 깊은 곳에 활 모양으로 밀집되어 있다.

극에서 얻은 정보를 가지고 작업을 해 왔다는 것이다.

"뉴런은 톡, 톡, 톡, 톡 하는 균일하면서도 단조로운 소리를 반복적으로 내요. 그런데 간질 환자에게 갑자기 어떤 자극을 주면 그 소리도 톡톡톡톡 하고 빨라져요. 가이거계수기처럼 말이에요. 그리고 환자에게 사진을 보여 줄 때마다 뉴런은 이런저런 다른 반응을 보여 주죠. 다시 말해, 제니퍼 애니스턴의 사진을 보여 줬더니 간질 환자는 과장된 반응을 보였어요. 나는 구글에서 미친 듯이 제니퍼 애니스턴과 여타 80여 명의 남녀 배우 사진을 찾았지요. 환자의 뉴런은 제니퍼의 이미지뿐만 아니라, 글씨로 쓰인 이름에도 반응을 했어요. 다시 말해 그녀와 관련이 있는 것이면 뭐든 상관없이 반응을 보인 거예요. 뉴런은 제니퍼 애니스턴이라는 개념 그 자체에 반응한 겁니다. '개념 뉴런'이었던 것이죠." ('제니퍼 애니스턴의 뉴런'이란 표현은 키안이 만들어 낸 말로 신경 과학계에선 전 세계적으로 유명하다고 한다.)

"전체를 하나로 묶어서 본다면 아무것도 볼 수 없을 겁니다. 각각의 뉴런은 한 가지 사물에만 반응하니까요. 예를 들어, 할리 베리의 이미지에만 반응하는 다른 뉴런도 있을 겁니다. 내가 하는 일은 그것들을 따로따로 떼어 놓는 일입니다. 뉴런들에 돋보기를 대고, 자극이 주어졌을 때 각각의 뉴런이 하는 일이 뭔가 관찰하는 것이죠." 그는 이런 식으로 마무리했다.

"그러면 거기에서 어떻게 감정으로의 도약이 이뤄지죠?" 내가 질문을 던졌다.

"대뇌 편도체라고 부르는, 해마와 아주 가까운 곳에 위치한 또 다른 구조가 있어요. 각각의 반구에 하나씩이요.' 그가 대답을 이어 갔다. "편도체는 놀람, 흥분과 같은 순간적인 감정과, 행복이나 사랑과 같은 좀 더 지속적이고 복잡한 감정 모두를 통제하는 대뇌 핵심 센터예요. 편도체와 해마는 아주 밀접하게 연결되어 있어요. 내가 본 것은 일반적으로 해마의 뉴런 기록이 환자에게 감정적으로 아주 강한 것들과 관련되어 있다는 겁니다. 이는 아르수아가 박사가 이야기하고 있는 '프루스트의 마들렌'과 연결되죠. 후각 신경은 대뇌 피질로 가기도 하지만 편도체와도 직접 연결되어 있기 때문이에요. 그래서 프루스트가 유명한 마들렌의 냄새를 맡았을 때, 어린 시절에 대한 추억과 감정이 동시에 떠올랐던 것이죠."

나는 아르수아가가 해마와 편도체, 두 영역을 설명할 때 좀 더 주의를 기울이지 않았던 것을 후회했다. 생물학과 영혼의 변화가 얽히고설킨 험한 세계로 그들을 따라가는 척하긴 했지만 사실 나는 길을 잃고 말았다.

나는 어느 지점에선가 키안에게 이렇게 이야기했다.

"나는 당신이 뇌와 정신을 마치 같은 것이나 되는 양 구별하지 않는다는 인상을 받았습니다."

과학자는 잠시 묘한 시선으로 나를 바라보며 아르수아가 나와 어떤 부류의 우정을 쌓고 있는지 궁금하다는 표정을 짓더니, 다시 입을 열었다.

"사실 같은 거예요. 이걸 유물론이라고 하지요."

유물론이 언제나 나와 궁합이 잘 맞는다는 생각까진 하지 않았지만, 한때는 나 역시 유물론자가 되려고 노력했었다. 열등감에 나는 입을 다물었다. 그러나 속으론 유물론적인 관점에서 봤을 때 유방과 젖이, 고환과 정자가 똑같다고 할 수 있을지 고민이 되었다. 그리고 미켈란젤로가 피에타를 조각해 낸 대리석과 조각상 사이에 아무런 차이가 없다고 할 수 있는지도 마음속으로 묻고 또 물었다. 나는 뇌와 정신 사이의 아주 밀접한 관계를 잘 이해한다고 믿고 있었다(유방이 없으면 젖도 없고 고환이 없으면 정자도 없듯이, 뇌가 없으면 정신도 없는 법이다). 그렇지만 같은 것이라는 이야기엔 확신이 서지 않는다. 단둘이서 만나면 (호텔이면 좋겠는데)

고생물학자에게 좀 더 자세히 물어보려고 일단 메모를
해 두었다.

# 이미 쓰여 있다

고생물학자는 발굴 시즌이 끝난 9월 중순, 마드리드의 산타 바르바라 광장 근처에 있는 '바루티아 & 9' 레스토랑에서 식사하자고 했다. 그곳은 생화학자에서 요리사로 변신한 루이스 바루티아가 운영하는 식당이었다.

자리에 앉자마자 그는 자유 의지와 관련해서 엄청난 관심을 받고 있는 몇 가지 문제는 잘 기억해 두라고 이야기했다. 우리의 다음 목표인 의식과 강하게 연결된 문제라는 것이었다. 나는 유감스러운 표정을 지으며 입을 열었다.

"아르수아가, 아르수아가. 우리는 지금 두 달 만에 만나는 거예요. 그런데 아직 어떻게 지냈는지조차 묻지 않았어요. 이번 여름에 당신들이 아타푸에르카에서 발굴한 선사 시대의 원인(原人), 즉 유럽에서 가장 오래된 원인의 얼굴을 위해서도 아직 건배하지 않았고요. 이번 책도 잘 진행되길 비는 건배도, 계속 건강하게 살아갈 수 있길 비는 건배도, 《루시의 발자국》 영어판이 좋은 평을 받길 기원하는 건배도 아직 하지 않았다고요. 한숨 좀 돌릴 수 있게 해 주세요. 알았지요? 한숨 좀 돌립시다."

마침 그 순간 종업원이 우리가 주문했던 와인을 가져왔고, 나는 이번 책 진행을 위한 첫 만남을 축하하기 위한 와인 잔을 들면서 그도 함께 건배하게끔 했다.

한 모금을 마신 다음 아르수아가는 다시 입을 열었다.

"선생님은 컴퓨터에 같은 데이터를 입력했을 때, 컴퓨터가 언제나 똑같은 결과물을 내놓을 거라고 믿고 있나요?"

"조금만 더 음식을 즐기면 어떨까요?" 마침 훈제 연어 타코 요리가 나와서, 나는 다시 한 번 반복적으로 이야기했다. 그리스식 요구르트와 탈수 오이를 베이스로, 간장과 스페인산 페드로 히메네스 와인, 그리고 핑크 후추를 잘 조려 만든 소스를 얹은 요리였다. 이 조합은 온 세상이 주목하는 맛이었다.

"음식을 즐기는 것과 자유 의지에 대한 논의는 같이 갈 수 없어요. 빨리 메모장이나 꺼내세요."

"안 가져왔어요." 나는 살짝 거짓말을 하고, 시를 읽는 사람처럼 계속해서 연어에만 관심을 두었다.

"그러면 좀 전의 컴퓨터 관련 질문엔 뭐라고 대답하실 거죠?"

"같은 데이터엔 같은 대답을 하겠죠." 내 생각은 확신에 가까웠다.

"그렇다면 컴퓨터는 이미 결정이 되어 있는 것이군요." 결론을 내렸다.

"물론이죠."

"그러면 선생님은요?"

"뭘요?"

"똑같은 상황에선 언제나 같은 반응을 보이실 건가요?"

"반드시 그럴 것 같진 않은데요. 기분에 따라 달라질 거예요. 비가 오는지, 해가 쨍쨍한지에 따라 달라지기도 할 거고요. 당신이 데이터를 신경 안정제 복용 전에 줄지, 복용 후에 줄지에 따라 달라질 수도 있어요. 한마디로 변수가 많죠."

고생물학자는 훈제 연어 타코를 한 입 베어 먹으며 특유의 능글맞은 모습으로 웃음을 흘렸다. 뭔가 이야기를 꺼내려는 모습이었다.

"무슨 일이죠?"

"라플라스의 악마*에 대해 들어본 적이 있어요?"

"아뇨."

"라플라스의 악마에 따르면, 앞으로 일어날 모든 일은 일련의 원인과 결과에 따라 결정된다고 해요."

"그러니까…"

"다시 말해서 우리는 선택을 한다고 믿고 있지만, 그 믿음은 우리에게 데이터가 부족하다는 사실에 기인하는 거예요. 어떤 행동에 대한 모든 데이터를 알고 있다면, 다른 일은 절대로 일어날 수 없었다는 사실을 깨달을 겁니다. 호르헤 드렉슬러**가 알고리즘에 관해 만든 노래를 들어보세요. 이렇게 시작해요. '내가 원한다고 믿게 만드는 사람은 누구일까?'"

마침 그 순간 각자에게 병아리콩과 밥에 갑오징어, 바닷

---

* 19세기 프랑스의 수학자 피에르시몽 라플라스가 결정론적 우주관을 설명하기 위해 만들어 낸 가상의 개념. 그는 모든 자연 현상이 물리 법칙에 의해 완전히 결정된다고 믿었는데, 이를 극단적으로 상상한 개념이 '라플라스의 악마(Le démon de Laplace)'다.

** 우루과이의 음악가, 배우이자 이비인후과 전문의. 2004년 영화 〈모터사이클 다이어리〉의 주제곡 '강 건너편으로(Al Otro Lado del Río)'를 작곡해 우루과이 사람으로는 처음으로 아카데미상을 받았다.

가재, 홍합을 곁들이고, 여기에 사프란을 듬뿍, 매운 향신료를 약간 넣은 해산물 요리가 나왔다. 요리는 냄새만으로도 오랫동안 느끼지 못했던 정신적인 행복감을 안겨 주었다.

"루이스 바루티아가 뭘 했는지 눈치 채셨어요?" 아르수아가는 수저를 스튜에 담그며 이야기했다.

"뭘 했는데요?"

"우리가 선택할 수 있다고 믿게 하려고 메뉴를 줬어요. 망설이지 않고 받아들일 수밖에 없는 추천을 했죠. 현실은 선생님이 스스로 결정하고 있다고 믿게 하지만, 그 결정으로 이끈 모든 데이터를 모을 수 있다면, 선생님은 뭐라고 부를지 잘 모르겠지만, 운명이 결국 선생님을 대신해서 그 선택을 결정했다는 것을 알게 될 거예요. 우리가 지금 입에서 버터처럼 녹아내리는 병아리콩 스튜를 먹고 있는 건 다른 음식을 선택할 자유가 없었기 때문이죠."

"오늘 이 레스토랑에서 식사할 운명이 아니었을까요? 사실 나는 일식집을 제안하려고 했었는데."

"의심할 필요 없어요. 만일 일식으로 '결정'했다면 일식집에서 먹을 운명이라고 했을 거예요. 하지만 분명 여기에서 먹을 운명이라고 쓰여 있었어요. 의심스러우면 라플라스의 악마를 부르세요."

"가톨릭 신학에선 자유 의지에 대한 논의가 정말 많았어요. 자유 의지란, 우리가 태어나기 전부터 신은 우리의 삶이 어떤 식으로 진행될지 이미 알고 계신다는 생각과는 양립할 수 없는 것처럼 보이거든요. 어떤 의미에선 신 역시 일종의 라플라스의 악마인 셈이죠. 내가 언제, 어떻게 죽을지 안다면, 나의 운명은 어느 정도 결정이 되어 있다는 것이 맞지 않을까요? 그렇다면 결정권이 없는 것이고 결국 자유 의지란 존재하지 않는 것이겠죠."

"똑같은 버전이네요. 우리가 결정을 내린다고 믿는 것은 어쩌면 데이터가 부족해서 그런 것일 수도 있어요. 석 달 뒤 마드리드 날씨를 모르는 것은 무엇 때문일까요? 정보의 부족 때문이겠죠. 바로 이거예요. 바로 여기에 빅 데이터의 중요성이 있는 거죠. 기호, 감정, 성향 등의 모든 정보를 자유롭게 사용할 수 있다면 선생님도 미지의 상황에서 예측 가능한 방식으로 행동할 것이라는 가정에서 출발하죠."

"오차 없이요?"

"네! 오차 없이요."

"잘 모르겠네요."

라만차 지방의 곱창을 곁들인 '토르티야 데 미가스*' 요리를 내왔는데 믿기 힘들 정도로 부드러워 소화가 매우 잘 될 것 같았다. 미가스는 감자처럼 올리브유에 적신 것이 아니었고, 곱창은 좀 가벼운 느낌으로 너무 진한 맛이 아니었다. 동물의 창자가 아니라 영혼으로 보일 정도였다. 이 요리는 고생물학자를 돌아버리게 했다. 덕분에 빅 데이터라면 충분히 예측했을 수 있을 정도로 잠시나마 먹는 데만 전념했다. 몇 분이나마 나에게 휴식을 주는 것이 내 운명이라는 생각이 들었다. 아무튼 어떻게 설명해야 할지는 잘 모르겠지만, 그의 이야기엔 뭔가 균열이 생겼다는 느낌을 받았다. 주어진 상황에 어떤 반응을 보일지 추론하기 위해 빅 데이터를 활용하려면 데이터 중에 내가 어떤 식으로 행동했는지에 대한 정보도 포함되어 있어야 한다. 그러나 만일 빅 데이터가 내가 어떤 식으로 행동할지를 알고 있다면 다른 정보들은 무익한 것이 되고 말 것이다. 아르수아가에게 내 생각을 꺼냈다.

"그것은 궤변이에요." 그는 잘라 말했다. "선생님의 고질

---

* 식사 후 남은 빵이나 토르티야에 초리소와 베이컨 등을 넣어 만든 요리. 미가스는 '부스러기'를 의미한다.

적인 낭만적 사고의 산물이지요. 물론 우리가 예전에 했던 모든 행동은 우리가 앞으로 할 일을 예측하는 데 가장 중요한 자료가 되겠지요. 그렇지만 이것만으론 충분하지 않아요. 등산화를 사려고 인터넷에 한 번 접속하면, 그 후론 등산화 광고가 엄청나게 쏟아져요. 그러나 알고리즘은 이미 '로스 레예스' 쇼핑몰에서 등산화를 구매해서 배달까지 완료했을 거라는 사실까진 모르고 있죠. 만약 이 사실을 알았다면 등산화가 해질 때까지 한 2년쯤 기다렸다가 다시 광고를 띄웠겠죠. 물론 알고리즘도 로스 레예스 쇼핑몰에서 우리에게 무엇을 배달했는지, 그리고 내가 산에 얼마나 자주 가는지를 조만간 알게 될 테니까, 그런 날도 곧 오겠죠. 라플라스의 악마 역시 알고리즘처럼 우리 한 사람 한 사람에 대해 가지고 있는 정보를 계속해서 업데이트할 거예요. 라플라스의 악마가 알고리즘인 셈이니까요. 우리의 인식 밖에서 우리에게 영향을 미치는 것들로 인해 우리가 존재론적으로 결정된다는 사실을 선생님은 받아들이기 힘들어하는 것 같아요."

"어쩌면요." 나는 대체로 수긍했다.

"이 곱창 어떠세요?"

"정말 맛있어요."

"그럼 지금부턴 뉴런 이야기를 해 볼까요. 뉴런은 신경계를 이루고 있는 최소 단위예요. 뇌는 수천, 수만 개의 뉴런으로 구성되어 있죠. 사행성을 노리고 있다는 인상이 엄청나게 커요. 좋아요. 그런데 뉴런은 자유로울까요?"

"당신은 아니라고 대답할 것 같아요."

"동일한 조건에서는 언제나 똑같이 작동할 겁니다. 모든 것이 반복적으로 이뤄진다면 똑같이 작동할 거예요. 그렇다면 우리는 어떻게 여기에서 벗어날 수 있을까요?"

"어떻게 벗어나죠?"

"양자 물리학을 통해 벗어날 수 있다는 가능성을 찾아볼 수 있죠. 양자 물리학에 자유 의지를 믿는 사람들의 희망이 있지요. 기독교인들도 여기에 속하고요. 그러나 이 문제는 다음에 이야기하기로 하죠. 곧 이 집만의 비전이라고 할 수 있는 슈퍼 디저트 2인분이 나올 테니까요. 곧 보게 될 거예요."

"뭐가 들었는데요?"

"비밀이에요. 선생님께 미리 말씀드리면 루이스 바루티아가 나를 죽이려 들 걸요."

"지금은 우리 둘만 있잖아요. 그러니 작은 소리로 이야기해 주세요."

고생물학자는 양쪽을 번갈아 살핀 다음 머리를 내 쪽으로 들이대더니 작은 소리로 이야기했다.

"벨기에 치즈가 든 케이크에 스트라치아텔라* 아이스크림, 그리고 따뜻한 스페퀼로스** 비스킷과 토피 캐러멜이요."

하나로 나온 디저트를 각자 스푼으로 나눠 먹으며 방금 받은 모든 정보를 곱씹고, 또 곱씹었다. 나는 고생물학자를 바라보며 긍정적인 반응을 보일지, 아니면 반대로 부정적인 반응을 보일지 고민했다. 그는 나에게 시선을 돌렸다.

"선생님, 뭔가 숨기고 있군요?"

"인간 존재에 대한 결정론적 관점을 가졌다면 당신이 인간의 나약함을 좀 더 동정적으로 봐야 하지 않을까 싶어서요."

---

*  우유 기반 아이스크림과 미세하고 불규칙한 초콜릿 부스러기로 구성된 이탈리아의 젤라토다. 이 제품은 원래 이탈리아 북부 베르가모의 리스토란테에서 만들어졌는데, 로마 전역에서 인기가 높았던, 계란과 국물을 넣어 만든 스트라치아텔라 수프에서 영감을 받았다고 한다. 이탈리아에서 가장 유명한 젤라토 맛 중 하나다.

**  계피와 생강, 각종 향신료가 들어간 비스킷으로 네덜란드와 벨기에 그리고 스페인에서 주로 먹는 전통 비스킷이다. 12월 5일쯤 산타클로스 데이에 주로 먹는다. 그리고 이 쿠키를 대량 생산해서 만든 것이 바로 로투스 비스킷이다.

"내가 그렇게 동정심이 없나요?"

"당신은 냉혹한 편이에요."

"톨스토이는 '모든 것을 이해할 수 있으면 모든 것을 용서할 수 있다'라고 이야기했어요. 그렇지만 후레자식은 후레자식일 뿐이에요. 다른 사람이 될 수 없는 운명이었다 해도, 나를 계속해서 엿 먹이고 있는 것은 사실이에요. 물론 그 사람에겐 어머니의 사랑이 부족했을 수도 있지요. 아버지가 어렸을 적에 버렸을 수도 있고요. 그렇다고 해도 나쁜 놈은 나쁜 놈일 수밖에 없어요."

"알았어요."

"그건 그렇고 선생님이 입은 재킷은 수사(修士)나 입을 것 같은데요."

"나는 좀 우아하게 입었다고 생각했는데요."

"우아한 수사의 것일 수는 있겠지요. 그래도 수사는 수사예요."

## 먼저 요새를 포위하자

9월 29일, 이례적으로 길어진 여름이 가고 기온이 크게 떨어졌다는 뉴스가 나왔다. 뚝 떨어진 기온 탓에 나는 옷을 든든하게 입고 아르수아가를 만나러 나섰다. 오전 8시까지 그의 집 앞으로 가기로 약속했다. 그는 티셔츠를 입고 나타났고, 우리는 깜짝 놀란 눈으로 서로를 바라보았다.

"우리 둘 중 한 사람은 계절을 착각한 것 같군요." 그가 입을 열었다.

"나는 아니에요." 나는 단호하게 못을 박았다. "텔레비전 뉴스에 오늘로 여름이 끝났다고 나왔어요."

"믿기 어려운데요."

차를 타자 그는 나에게 골반에 대한 논문을 마쳤다고 이야기했다. 골반은 운동과 출산에 관여하는 해부학적으로 아주 복잡한 구조로, 평생 엄청나게 많은 압력을 이겨내야 한다고 했다. 따라서 변수 간의 인과 관계를 중시하는 다변량(多變量) 관점에서 연구해야 하는 신체 구조라는 것이다.

"그즈음 복잡계에 대한 다양한 이론들이 모습을 드러내기 시작했어요. 우리는 모든 것을 계산할 수 있으며 숫자로 표현할 수 있다는 환상을 품게 됐죠. 정말 급격한 변화가 나타났어요. 옛날엔 종을 정의할 때 '우아한 모양을 가진 물고기입니다'라는 식으로 쓰여 있었다는 사실을 고려한다면요."

"그다지 과학적인 설명은 아닌 것 같네요." 나도 동감을 표했다.

"맞아요. 그래서 모든 것이 객관화될 수 있다는 생각에 엄청 유혹을 받았지요. 심리학, 사회학, 생물학 등이 여기에서 나왔어요. 복잡계를 연구할 수밖에 없었던 모든 과학은 물리학과 화학을 질투했어요. 물리학과 화학 법칙은 결정론적인 요소가 있었고, 단순했으며, (물고기처럼) 우아했어요. 아주 간단한 공식, 즉 방정식 하나로 모든 것을 설명할 수 있었으니까요."

차는 이 시간이면 항상 막히곤 했던 마드리드의 순환 도로를 따라 어렵게 나아가고 있었다. 헷갈리는 구간이 있어 M-30인지 M-40인지 말하기 어려웠다. 더위가 심해져 나는 옷이 부담스러워지기 시작했다. 결국 아르수아가는 쓴 웃음을 지으며 에어컨을 켰다.

"선생님이 도대체 어떤 텔레비전 뉴스를 봤는지 모르겠네요."

"어디로 가는 거죠?" 나는 내 옷차림에서 관심을 돌리기 위해 말을 돌렸다.

"그건 합당한 질문은 아니에요."

"그렇다면 뭘 물어야 하죠?"

"복잡계가 뭔지 물어보셔야죠. 선생님도 복잡계를 안다고 믿고 있다는 사실도 잘 알고 있어요. 모든 사람이 복잡계에 대해서 알고 있다고 믿죠."

"좋아요. 그럼 복잡계가 뭐죠?"

"모든 방향에서 서로서로 상호 작용하는, 다양한 종류로 이뤄진 수많은 요소의 집합이에요. 그래서 항상 변화해요. 여기에선 상호 작용이 언제나 똑같은 모습으로 일어나진 않으니까요. 복잡계에선 전체는 부분의 합 이상이지요. 내부에서 벌어지는 상호 작용을 모른다면 시스템의 행동 양식도 예측할 수 없어요."

"구성 요소 중에서 하나만 바뀌어도 전체 시스템에 변화가 일어날 수 있나요?"

"하나만 변해서는 그렇진 않을 거예요. 그렇지만 작은 변화가 엄청나게 큰 변화를 불러일으킬 수 있다는 것은 분명해요."

"예를 들면….."

"예를 들어, 대기의 변화 같은 거요. 대기 역시 복잡계지요. 대기가 어떤 것들로 구성되어 있는지는 알고 있습니다. 그러나 대기의 구성 요소들이 전체적으로 상호 작용하는 방식은 대부분 모르고 있어요. 그래서 우리가 장기 기상 예보를 할 수 없는 겁니다. 우리는 지각의 판들이 어떤 식으로 작동하는지, 그리고 지진이 어떻게 일어나고 움직이는지는 알고 있지만, 그 구성 요소들의 상호 작용이 가지는 복잡성과 많은 가능성 때문에 이를 예측하는 것 역시 불가능에 가깝지요."

"당신도 복잡계인 셈이네요. 나는 당신이 어떤 식의 반응을 보일지 종잡지 못하겠어요."

"선생님도 마찬가지예요. 우리 인간은 모두 놀람덩어리죠." 그는 싱긋 웃으면서도 죽은 사람의 동맥 속 피처럼 우리 주변을 겹겹이 에워싸고 있는 자동차들에서 눈을 떼진 않았다. "뇌는 800억 개에서 1,000억 개 사이의 뉴런으로 구성되어 있어요." 그는 반복해서 똑같은 이야기를 했다. "그리고 각각의 뉴런이 활성화될 때마다 또 다른 수천 개의 뉴런과 상호 작용을 하지요. 바로 여기에 또 다른 복잡계가 있어요."

"그러면 복잡계로 우리는 무엇을 할 수 있나요?"

"미래 컴퓨터의 계산 능력을 바탕으로 복잡계가 어떤 식으로 작동하는지 알 수 있을지 모르겠다는 희망이 존재하지요. 여기에 빅 데이터의 중요성이 있어요. 언젠가 점심을 먹으며 이야기했던 것을 떠올려 보세요. 모든 것은 이미 결정되어 있다는 것 말이에요. 만일 무슨 일이 일어날지 모른다면 그것은 정보가 부족하기 때문일 거예요."

"지금의 차량 정체도 오늘 아침에 우리가 집에서 출발할 때 우리를 기다리고 있던 것의 일부였나요?"

"물론이죠. 만일 내가 날짜, 시간, 휘발유 가격, 기온, 운전자들의 기분 상태 등에 대한 모든 정보를 활용할 수 있었다면 집을 나서기 전에 알 수 있었을 거예요."

"그러면 일정을 바꿔 우리를 지금보다 더 나쁠 수 있는 목적지로 몰아넣을 수도 있겠네요."

"정말 좋은, 미래 지향적인 주제예요. 만일 선생님이 사모님을 만났던 먼 옛날 6월에 비가 올 것 같아서 우산을 가지러 다시 집에 들어갔다가 5분 늦게 집에서 나왔다면 무슨 일이 벌어졌을까요?"

"못 만났을지도 모르죠."

"구름이 껴서 5분 늦었다면요. 잘 아시겠지만, 선생님의 인생이 완전히 달라졌을 수도 있어요. 지금과 다른 아이들을 낳았을 수도 있고, 처가도 달라졌을 테고, 다른 집에서 살고 있을지도 모르지요…."

"당시 굉장히 인상 깊었던 보르헤스의 말이 떠오르네요. 그는 갑자기 일어난 일 역시 우리가 잘 모르는 법칙을 가진 우연의 또 다른 형태라고 이야기했어요."

"정확한 표현이에요. 인간이란 복잡한 존재를 지배하고 있는 법칙을 잘 모르는 것, 이것을 우리는 돌발적인 일이라고 부르지요."

"정말이지 이 모든 것이 혼란 그 자체예요." 나는 이 한마디로 정리했다. "그런 의미에서 당신에게 마크 트웨인의 소설을 추천할게요. 미래에 일어날 수 있는 일을 다룬 소설을요. 《신비한 이방인(The Mysterious Stranger)》이란 제목의 마지막 작품인데, 이데올로기적인 차원에선 유언과도 같은 작품이지요."

마침내 마드리드 콤플루텐세 대학교에 도착했다. 우리는 기적적으로 별로 힘들이지 않고 차를 세울 수 있었다(여기가 우리 목적지였다). 아르수아가는 그제야 나에게 마드리드 대학교의 데이터 처리 센터를 방문할 거라고 밝혔다.

"여기 책임자는 페르난도 페스카도르예요. 나도 마찬가지지만 우리 시대엔 굶어 죽을 정도였지요. 그도 논문을 쓰고 있었고 나도 마찬가지였거든요. 그런데 그는 컴퓨터에 대해 정말 많이 알았어요. 당시만 해도 컴퓨터로 따지면 선사 시대에 해당했는데도 말이에요. 선생님도 충분히 상상할 수 있을 텐데, 데이터 처리 센터에는 엄청나게 많은 컴퓨터가 있어요. 선생님도 이번 기회에 한두 대의 컴퓨터 내부를 꼼꼼하게 살펴보셨으면 좋겠어요. 그래야 컴퓨터와 뇌의 유사성에 관해 이야기를 나눌 수 있을 테니까요. 뇌와 정신의 이중성은 일상생활의 대화에서 하드웨어와 소프트웨어의 이중성처럼 기능하거든요."

"나는 이미 많이 활용하고 있어요."

"잘 알아요. 선생님이 그에 대해 말씀하시는 것을 들었으니까요. 곧 그것이 맞는 말인지 잘못된 것인지 알게 될 거예요. 그리고 그 과정에서 컴퓨터와 뇌 사이의 유사점과 차이점에 대한 문제가 다시는 걸림돌이 되지 않게 해결해

볼 거예요."

데이터 처리 센터 건물로 걸어가던 중에 아르수아가는 나에게 콤플루텐세 대학교의 기원과 각 단과 대학이 어떻게 배치되어 있는지를 설명해 주었다.

"이쪽에 인문대학이 있으면 저쪽엔 자연과학대학이 있지요. 언제나 이런 식으로 배치되어 있어요. 누구도 인문학과 자연 과학의 경계를 감히 허물려고 들지 않았죠. 새로운 단과 대학이 만들어질 때마다 그 지식이 어떤 영역에 속하는가에 따라, 선 이쪽이나 저쪽에 배치되곤 했어요. 도시 계획 차원의 메타포에선 별 의미가 없지만요. 나는 한쪽엔 객관적이거나 수학으로 표현할 수 있는 것으로, 또 다른 한쪽엔 주관적인 것(창의성과 예술)으로, 이렇게 분리가 명확하게 이루어진 곳은 보지 못했어요. 진짜 믿기 힘든 것은 아무도 이것을 의식하지 못했을 뿐만 아니라, 아무도 눈여겨 본 사람이 없었다는 점이지요. 어떤 면에선 선생님과 저 역시 인문학과 자연 사이의 거리를 보여 주고 있기도 해요. 그렇지만 선생님과 저는 기꺼이 경계를 허물 의지가 있는데 말이에요. 안 그래요?"

"당연하죠."

"그럼 시작할까요?"

스페인의 대표적인 건축가이자 도시 계획가였던 미겔 피삭이 설계한 데이터 처리 센터 건물은 1960년대의 브루탈리즘* 건축 스타일에 속한 것이었다. 그래서인지 건축 재료(콘크리트)가 무엇인지를 감추지 않았고, 각진 형태가 많았다. 고생물학자에 따르면, 이 건물은 상당히 좋은 평가를 받고 있다.

"골반에 대해 논문을 쓰면서 필요했던 컴퓨터 프로그램을 만들기 위해 여기에 왔었어요." 그는 관리가 잘 되어 있고 한눈에도 매우 기능적으로 보이는 건물을 향수에 젖은 눈길로 바라보았다.

페르난도 페스카도르가 우리를 반갑게 맞아 주었다. 우

---

* '브루탈리즘'의 개념은 제2차 세계 대전 이전의 모더니즘 건축에 대한 반작용으로 1950년대 이후에 등장했다. 제2차 세계 대전 이전의 모더니즘이 추구하던 기능성과 효율성을 한층 더 극대화시켜 외장 없이 노출된 거대한 콘크리트 덩어리 건축물에 규칙적이면서도 상대적으로 적은 창문 노출과 기하학적인 건물 구조를 조성해 표현하는 방식을 특징으로 들 수 있다.

브루탈리즘이라는 용어는 프랑스어로 노출 콘크리트를 의미하는 베통 브뤼트(Béton brut)에서 유래됐다. 이는 프랑스 건축가 르 코르뷔지에가 처음 사용한 표현이다. 어원에 대한 정보가 잘 알려져 있지 않다 보니 브루탈리즘의 어원을 '잔혹한', '야성의'를 뜻하는 영단어 'Brutal'로 오인해 '잔혹주의'로 오역하기도 하며, 이는 영미권에서도 흔히 일어나는 실수다.

리를 컴퓨터가 있는 방으로 안내했는데, 시작부터 내가 튜링 기계[**]를 이해하지 못하는 것을 보고 설명해 주려고 했다. 나는 예전에 그 유명한 수학자에 대한 전기 영화를 봤기 때문에, 그 기계에 대해 잘 알고 있다고 믿고 있었다. 그러나 내가 튜링 기계를 전혀 모르고 있을 뿐만 아니라 정확하게 이해하기엔 나의 지적 능력이 턱없이 부족하단 사실을 금세 깨달았다. 60년대와 70년대에는 정보를 어떤 식으로 저장했는지를 알려주기 위해 나에게 천공 카드 상자를 보여 주기까지 하자, 별수 없이 이해하는 척이라도 해야만 했다.

"이 천공 카드 상자가 바로 내가 가장 좋아하는 골반에 대한 논문인 셈이에요." 아르수아가는 감격에 겨운 목소리로 나에게 이야기했다. "45년 전에 여기 계산소에 버려두고 잊고 있었는데, 페르난도 덕분에 오늘 되찾게 됐어요."

"당신의 논문이 여기에 암호화되어 있단 말인가요?"

---

[**]    수학 또는 컴퓨터 과학에서 튜링 기계(Turing machine)는 긴 테이프에 쓰여 있는 여러 가지 기호들을 일정한 규칙에 따라 바꾸는 기계다. 상당히 간단해 보이지만, 이 기계는 적당한 규칙과 기호를 입력한다면 일반적인 컴퓨터의 알고리즘을 수행할 수 있으며, 컴퓨터 CPU의 기능을 설명하는 데 상당히 유용하다.

"정확하게 맞추셨어요."

나는 천공 카드 하나를 손에 쥐고 머리를 쓰는 듯한 표정을 지었지만, 속으론 무너져 내리고 있었다. 그 순간 분명 모르는 것도 짐짓 아는 체하며 커 왔다는 것을 깨달았다. 아마 어른이 된다는 것이 이런 것일지도, 다시 말해 아는 척하는 것일지도 모른다는 생각이 들었다.

다른 사람들도 똑같을까? 나는 은근히 불안한 생각이 들었다.

나를 잘 알고 있던 고생물학자가 상황을 금세 눈치채고 이렇게 이야기했다.

"지금은 아날로그 세계와 디지털 세계의 차이를 이해하는 정도에서 만족하기로 하죠. 어때요?"

"그래요. 거기까진 이해할 수 있는 것 같아요." 당황한 모습을 감추기 위해 얼른 대답했다.

"모든 사람이 거기까진 다 이해하는 척하죠. 그렇지만 다시 한 번 살펴봅시다. 아날로그 세계는 어쩌면 자연을 닮은 셈인데, 자연에선 모든 것이 연속적이에요. 반면에 디지털 세계에선 사물은 A 아니면 B이거나, 0 아니면 1이에요. 그리고 불이 켜졌거나 꺼진 셈이라고도 할 수 있고요. 달리 말하면 디지털 세계에선 중간 상태가 존재하지 않는 거죠."

"어머니는 정말 디지털적이었어요." 큰소리로 옛이야기를 꺼냈다. "'근대를 먹지 않으면 저녁은 없어'라고 말씀하시곤 했죠."

"맞아요. 거기엔 중간 상태가 없어요. 이것 아니면 저것이죠. 온(on)이거나 오프(off)인 셈이에요. 0이 아니면 1인 셈이고요. 가장 단순한 디지털 시스템은 이진법이에요. '살았거나 죽었거나'처럼 중간 상태가 없죠. 아무리 중병을 앓고 있어도 선생님이 살아 있다면 살아 있는 거죠. 아무리 얼굴이 괜찮아 보여도 죽었다면 죽은 것이고요. 모스부호는 점과 선으로 이뤄진 디지털 문자인 셈이에요. 점과 선 사이엔 아무것도 없죠. 선생님도 SOS 신호를 보낼 수 있어요. S는 점을 연속으로 세 개 찍으면 되고, O는 선을 연속으로 세 개 그으면 되지요. 0과 1을 이용해서 모든 알파벳 문자를 다 표현할 수 있어요."

"이해했어요."

"그럼 재미있는 질문을 하나 할게요. 우리 뇌는 디지털일까요?"

"그것은 생각 안 해 봤어요."

"만일 디지털이라면 사실 알고리즘을 기반으로 작동하

2. 먼저 요새를 포위하자

는 컴퓨터일 거예요. 만일 우리 뉴런이 디지털이라면 여기 안에 든 것은 컴퓨터인 셈이죠. 바로 이것이 우리가 밝히고자 하는 거예요. 만일 우리가 긍정적으로 결정했다면, 누가 그것을 프로그래밍했는지, 어떻게 프로그래밍되었는지 한 번쯤 스스로 물어봐야 해요. 태어날 때부터 프로그래밍되었는지, 아니면 태어난 후에 프로그램을 장착했는지도요. 알고리즘을 토대로 추론을 하는 걸까요? 우리 뇌가 알고리즘인 셈일까요? 우리는 자유롭게 생각할 수 있을까요? 아니면 프로그램에 종속되어 있을까요? 만일 뇌가 일종의 기계라면 의식은 어디에서 왔을까요? 의식이 어떻게 만들어질까요? 반대로, 컴퓨터가 뇌와 똑같다면 컴퓨터도 언젠가는 의식을 갖게 될까요? 혹 지금도 의식이 있는데 우리가 모르고 있는 것은 아닐까요? 우리가 뇌와 정신과 관련해서 쌓아 올리고자 하는 모든 것은 아날로그적인 세계와 디지털적인 세계의 차이를 제대로 이해하는 데에서 비롯될 거예요. 바로 거기에 출발점이 있는 거죠. 이것이 되지 않으면 우리가 하는 모든 것은 문학이 되어 버릴 거고요."

페르난도 페스카도르와 아르수아가가 표상의 세계를 놓고 철학적인 토론을 하는 동안, 나는 서둘러 고생물학자의 마지막 이야기를 문자로 메모해 놓았다. 그것을 이해했다고 믿었지만, 혹시라도 잃고 싶지 않았다.

잠시 후, 우리는 한쪽이 열려 있는 데스크톱 컴퓨터 앞에 섰다. 아르수아가는 나를 뜯어보는 듯한 눈길로 바라보았고, 내 집중력이 얼마나 남았는지를 계산하고 있다는 것을 알 수 있었다.

"잘 듣고 있어요." 그를 안심시키기 위해 이렇게 이야기했다.

"좋아요. 여기에 컴퓨터 내부가 보여요. 선생님이 보시다시피 아주 단순해요. 세 부분으로 이뤄져 있죠. 컴퓨터의 구조와 뇌의 구조 사이에 유사점이 있는지 한번 논의해보기로 하죠."

"겨우 세 부분이군요." 나는 가볍게 말을 받았다. "누구나 세 부분 정도라면 맞설 수 있어요."

"메모해 두세요. 중앙 처리 장치인 CPU, 데이터와 프로그램을, 다시 말해 소프트웨어를 저장하는 하드 디스크, 하드 디스크에 저장된 정보 중에서 일하는 데 필요한 것을 임시로 저장하는 일을 하는 RAM 메모리로 구성되어 있어요. 우리가 흔히 '작업 메모리'라고 부르는 RAM 메모리는 사용 중인 컴퓨터 응용 프로그램을 일시적으로 활성화시키는 곳이기도 해요. 전체 하드 디스크를 작동시킬 필요는 없고, 관심이 있는 데이터나 정보를 담고 있는 영역만 작동시키면 되기 때문에 RAM 메모리가 필요한 거죠."

"RAM 메모리는 뇌의 의식적인 활동과 관련된 부분인 셈이에요." 페르난도 페스카도르가 끼어들었다.

"이해하겠어요. 글을 쓸 때는, 글을 쓰는 데 필요한 워드 프로세서만 열어 놓죠. 예를 들자면, 구글 지도를 열어 놓진 않는 것과 같다는 거죠."

"그래요. 선생님께서 내가 하는 말에 주의를 기울이고 있는 동안에도, 선생님의 뇌는 계속해서 주변 온도 변화에 세심한 주의를 기울일 거예요. 예를 들어, 누군가가 창문을 열어 놓아 공기의 흐름이 있는지 감지할 테고, 멀리서 들려오는 소리도 들을 테고, 만약 불이 났다면 연기 냄새도 맡을 겁니다⋯." 페스카도르가 확실히 못을 박았다.

"내 뇌는 한 가지에만 초점을 맞춰 놓아도 모든 애플리케이션을 열어 놓고 있어요."

"그런 거예요." 아르수아가가 끼어들었다. "그럼 선생님의 뇌에도 하드 디스크, CPU, 그리고 RAM 메모리 같은 것이 하나라도 있는지 한번 알아볼까요?"

"수천 개가 있을지도 모르죠." 페르난도 페스카도르가 덧붙였다.

"그래요." 고생물학자도 순순히 고개를 끄덕였다.

"지금 가장 관심이 가는 것은 여기 미친 듯이 돌고 있는 팬이에요." 나도 한마디 거들었다.

"선생님도 관심을 가질 수 있는 데이터를 드릴게요." 아르수아가는 내 말을 무시하고 자기 말만 계속 이어 갔다. "이 기계는 100볼트짜리 오래된 전구 하나와 똑같은 100와트를 소비해요. 우리가 이 전구에서 얻을 수 있는 것에 비하면 아주 작은 것이죠."

"그렇네요." 나도 인정했다.

"더 중요한 것이 있어요. 선생님은 뇌가 얼마나 소비한다고 믿고 있나요? 뇌 역시, 예를 들자면 피와 같은 냉각 시스템을 가지고 있거든요."

"뇌도 전기로 움직이는 기계인가요?"

"결론적으로는 그런 셈이에요. 뉴런은 전기 자극을 기반으로 전송하는 것이니까요."

"잘 모르겠네요. 그렇지만 당신이 이야기해 준 덕분에 우리가 먹는 전체 에너지의 25퍼센트를 소비한다는 것 정도는 알고 있어요. 크기에 비하면 정말 많은 양이죠. 그렇지만 소비량이 전력량으로 계산될 수 있다는 사실은 몰랐네요."

"10와트 정도예요." 아르수아가가 이야기했다.

"그럼 랜턴에 사용된 전구 정도네요."

"선생님의 머리는 컴퓨터보다 훨씬 더 많은 계산을 수행하는데, 한 시간에 겨우 10와트밖엔 쓰지 않아요. 정말 효율적이지 않나요?"

"정말 저렴한 셈이죠." 페르난도 페스카도르가 덧붙였다. "집에서 몇 와트 정도나 사용할 수 있나요?"

"전혀 생각해 보지 않았어요."

"나는 시간당 7.2킬로와트를 쓸 수 있어요. 꽤 높죠. 최대치거든요. 공기열 난방을 사용하고 있어서요. 이보다 많이 쓰면 차단돼요. 보통은 3, 4, 5킬로와트 정도로 계약하죠."

"그러니까 세 가지 즉 CPU, 하드 디스크, RAM 메모리가 기본이고 여기에 네트워크 카드, 사운드 카드, 그래픽 카드, 비디오 카드 등이 추가되는 거죠. 선생님께 말씀드리려는 것은 컴퓨터는 일종의 모듈이라는 거예요. 선생님도 보시다시피 여러 개의 모듈로 구성되어 있어요. 반대로 뇌에선 모든 부분이 모든 일을 처리해요. 다시 말해 모든 일이 모든 부분에서 처리되죠."

"그렇지만 예를 들어 언어에 특화된 영역도 있는 것으로 알고 있는데요." 나는 반론을 제기했다.

"언어에 특화된 영역은 없어요." 아르수아가가 못을 박았다. "물론 손상을 입으면 말을 하거나 글을 이해하는 데 장애를 일으키는 부분이 있기는 하죠. 그렇다고 이것이 언어가 특정한 부분에 고정되어 있다는 이야기는 아니고, 이런 영역이 어떤 순간에 언어의 발화와 이해 과정에 개입한다는 것을 의미해요. 텔레비전 버튼에 문제가 생기면 텔레비전을 켤 수 없어요. 그렇다고 버튼이 이미지를 만든다는 의미는 아닌 것과 같죠."

"아직 이해가 되지 않아요." 나는 투덜거렸다.

고생물학자는 억지로 참는 듯한 표정과 빈정대는 표정을 번갈아 지으며 말을 이어 갔다.

"난공불락의 요새를 정면에서 공격하려 들어선 안 돼요. 지금은 일단 포위하는 것 정도에서 만족하기로 합시다. 둘러싸고, 포위하고, 천천히 압박해 나가기로 하죠. 그러다 보면 포위망 속에서 지식이 조금씩 어떻게 피어나는지를 곧 볼 수 있을 거예요."

"알았어요." 나는 순순히 받아들였다.

"내가 뭘 하는지 잘 보세요."

그러고는 스위치에 손을 뻗어 컴퓨터를 껐다.

"내가 뭘 했죠?"

"컴퓨터를 껐잖아요."

"여기에 또 다른 차이점이 있어요. 뇌는 끌 수가 없어요. 1년 365일 24시간 내내 작동하고 있어요. 작동할 뿐만 아니라, 잠을 잘 때도 있는 힘을 다해 일하고 있죠."

이 생각만으로도 나는 힘들다는 생각이 들었는데, 얼마 전 물리 치료사가 명상의 장점을 이야기하며 나에게 했던 "뇌에는 브레이크가 없고 가속 페달만 있다"라는 말을 떠올리는 순간 더 녹초가 되는 것만 같았다. 하루 중 단 1분 1초도 생각이나 상상을 멈출 수 없다는 생각에 머리가 너무 아팠다. 나는 최근 마취를 받았던 외과 수술이라는 씁쓸한 추억을 떠올렸다. 마취에서 깨어나 30분 이상 '내가 세상에 없었다'라는 사실을 깨달았을 때 내가 완전히 초기화된 듯한 기분을, 즉 순간적으로나마 충만감을 느낄 수 있었다. '존재한다'라는 것 자체에 지쳐 있었고, 나를 힘들게 했던 것도 사실이었다. 나는 가끔 현실로부터, 그리고 자신에게서 벗어나 휴가를 보내기 위해선 잠시라도 마취되는 것이 필요하단 생각이 들었다.

"우리가 지적했던 것만으로도" 아르수아가가 이야기를 시작하는 것을 들었다. "광의로 이야기한다면 뇌를 컴퓨터와 비교할 수 있다는 사실은 충분히 이해할 수 있었을 거예요. 그런데 선생님이 많이 피곤해하는 것 같아 더는 괴롭히고 싶지 않네요."

"하드웨어와 소프트웨어에는 무엇이 있죠?" 그래도 나는 계속하길 원했다. "신생아의 뇌는 잠재력은 많지만, 실제 활용할 수 있는 정보는 별로 없을 텐데요. 정보는 교육을 통해 넣어 주는 것이잖아요. 그런 의미에서 뇌를 하드웨어에, 그리고 뇌를 소유한 사람들이 학습할 때 우리가 주입하게 되는 정보를 소프트웨어에 비교하는 것이 터무니없는 이야기는 아닌 것 같아요. 키안과의 만남에서 이야기했던 것으로 다시 돌아갑시다. 뇌와 정신이라는 이분법적 사고가 바르다고 할 수 있을까요? 아니면 정신과 뇌는 똑같은 것일까요? 돈키호테는 소설을 쓸 때 사용된 잉크에 불과한 것일까요? 미켈란젤로의 피에타 역시 대리석 조각에 불과한 것일까요? 담즙을 간이라고 할 수 있을까요? 정자를 고환이라고 할 수 있나요? 다른 말로 하면, 뇌의 생산물을 뇌라고 할 수 있을까요?"

"은유는 은유일 따름이죠." 아르수아가가 담담하게 대답했다. "현실을 이해하는 데는 도움이 되지만, 그렇다고 문자 자체로 현실을 설명하진 못해요. 미켈란젤로의 피에타는 돌로, 좀 더 구체적으로 이야기하면 대리석으로 만들어진 완벽하게 물질적인 거예요. 담즙과 정자는 완벽하게 알려졌다고는 하지만, 전적으로 신비한 분자로 구성되어 있어요. 학습과 소프트웨어를 비교할 수는 있어요. 그러나 이것은 명심해야 해요. 다시 말해, 컴퓨터는 소프트웨어 없이 하드웨어만 가지고 공장에서 출고되죠. 프로그램과 정보는 그 후에 하드 디스크에 집어넣고요. 그리고 이를 사용할 때 일시적으로 RAM을 거치는 것이고요. 반대로 뇌에서는 하드웨어와 소프트웨어의 차이가 없어요. 모든 것이 뉴런의 네트워크라는 점에서 똑같아요. 소프트웨어가 정신과, 하드웨어는 뇌와 같다고 할 수는 없어요. 정보에 비물질적인 것은 없어요. 자기 디스크에서든 SSD에서든 프로그램이나 데이터는 물질적일 수밖에 없어요. 선생님처럼 이원론적인 성향이 있는 사람에겐 정보는 현대적인 의미에서 정신, 영혼, 신, 풍조, 에너지 등과 등가의 것이 되어 버렸죠. 용어는 다양하지만, 의미는 똑같아요. 물질적인 세계에서 활동하는 비물질적인 것인 셈이에요. 다른 말로 하면 마술적 사고지요."

**사피엔스의 의식**

"빌어먹을, 마술적 사고라니! 한번 살펴보죠, 아르수아가. 내가 성적인 환상을 가지고 있을 때, 내 마음속에서는 물질적이지 않은 이미지가 떠올라요. 그건 원자로 이뤄진 게 아니니까요. 그 이미지들은 물질이 아니에요. 만질 수 없어요. 일종의 정보예요. 그 이미지들이 작용하면 나는 성기를 만질 수 있지만, 본질적으로 그 이미지는 만질 수 없어요. 마음보다 효과적인 포르노 작가는 없어요. 음란물 얘기는 그만하죠. 내 어머니는 돌아가셨지만, 나는 눈을 감고 생각하면 어머니의 얼굴이 똑똑히 떠올라요. 전체적으로 떠올릴 수도 있고, 입술, 눈, 머리 모양 등 하나씩 떼어서 생각할 수도 있어요. 어머니의 얼굴 또한 정보예요. 하지만 비물질적인 정보죠. 이런 이미지들이 뉴런 활동의 결과물이라는 건 인정할 수 있어요. 하지만 그것들이 뉴런 자체는 아니잖아요. 담즙은 간 활동의 결과물이지만, 간이 아닌 것처럼요. 그러니까 뇌와 정신의 이중성을 받아들이는 게 무슨 문제가 있나요? 정신은 뇌 활동의 결과물일 수 있어요. 하지만 그렇다고 해서 정신이 뇌인 것은 아니잖아요."

"나는 선생님의 주관적인 세계에 대해선 잘 모르겠어요." 그가 응수를 해 왔다.

"당신에게 나의 주관적인 경험에 관한 이야기를 하는 것이 아니라, 상호 주관적인 경험에 관해 이야기하는 거예요. 누구나 성적인 환상을 품고 있을 뿐만 아니라, 어머니가 없어도 얼굴은 불러올 수 있어요."

"곧 알 수 있겠지요. 다시 이야기할 수 있을 거예요. 나도 흥미를 느끼는 문제니까요. 그렇지만 지금 다뤄야 할 것은 컴퓨터와 뇌의 차이를 분명히 하는 거예요. 게다가 선생님이 어디선가 들은 이야기 때문인지 자꾸만 트랜스휴머니즘*적인 사상을 굳게 믿고 있기 때문에라도 그런 차이를 분명히 하고 싶어요. 물론 이런 생각을 가진 사람은 뇌에서 나온 정보(다른 말로 한다면 정체성이나 의식)를 컴퓨터에 이식해서 컴퓨터 속에서 영원히 살 수 있다고 해요."

"나는 그런 믿음을 가지고 있지 않아요." 나를 변호하고 나섰다. "내가 하고 싶은 말은 소설과 같은 허구의 관점에서 본다면, 그런 아이디어가 암시하는 바가 크게 보인다는 거예요."

"잘 보세요. 컴퓨터와 뇌는 완전히 상이한 정보 매체이

---

\* 인류가 더 확장된 능력을 갖춘 존재로 변형될 수 있다고 믿는, 그리고 이렇게 변형된 인간을 포스트휴먼(posthuman)이라고 부르는 철학 사상.

사피엔스의 의식

기 때문에, 이 둘을 하나로 묶을 수 있는 연결 고리는 없어요. 인간의 뇌는 복잡성이란 측면에서 컴퓨터를 압도적으로 뛰어넘어요. 비교 자체가 가능하지 않아요. 또 컴퓨터의 경우엔 모든 정보가 똑같이 중요하기 때문에 모든 것을 똑같이 갈무리해요. 반면에 인간의 뇌의 경우엔 어떤 정보가 다른 정보보다 훨씬 더 중요할 수도 있어서, 별로 중요하지 않은 정보는 잊기도 해요. 컴퓨터는 잊는 법이 없어요. 컴퓨터는 보르헤스가 쓴 '기억의 천재 푸네스'**인 셈이죠."

"뇌는 '별로 중요하지 않은 정보'는 잊는다고 했는데, 어떤 기관이 중요하단 것을 결정하죠? 그리고 잊는다는 것은 무슨 의미인가요? 잊는다는 것과 억제한다는 것은 같은 의미인가요? 예를 들어, 트라우마를 일으킬 수 있는 일은 개인의 삶에 굉장히 중요한 일인데도 트라우마이기 때문에 엄밀한 의미에서 지워져 버리기도 하잖아요. 그렇다면 지워져 버리는 것이 맞나요? 아니면 억제되어 훗날 육체의 병이 되는 걸까요? 당신에게도 정신의 고통이 육체

---

** 호르헤 루이스 보르헤스가 쓴 단편 소설 중에 〈기억의 천재 푸네스〉가 있다.

의 고통으로 변한 것이 있나요? 감정이 물질적인 것일까요? 정신적인 고뇌나 공황을 손으로 만질 수 있을까요? 그런 감정을 구성하고 있는 원자를 분석할 수 있을까요? 내가 보기엔 고뇌나 공황은 비물질적인 것 같아요. 그러나 이것들이, 예를 들자면, 위궤양 같은 것이 될 수도 있죠. 물질적인 것에 작용할 수 있는데, 이는 마술적인 사고가 아니라 오히려 마음과 몸의 상관적인 사고라고 해야겠죠."

"중요한 것과 그렇지 않은 것의 결정은 편도체가 해요." 아르수아가가 대답했다. "그리고 편도체는 해마와 아주 밀접한 관계를 맺고 있는 뉴런의 집합체로 구성되어 있고요. 편도체는 파충류의 뇌에 속합니다. 이런 표현을 좋아하지는 않는데, 대뇌 반구들의 출현을 이끌어 낸 뇌의 부분을 가리킬 때 쓸모가 있어요. 결론적으로 하등 척추동물들의 기본적인 감정과 관련된 아주 오래된 기관인 셈이지요. 엄청 무서웠거나, 기분을 엄청나게 좋게 만들어 준 것은 잘 기억이 되는 법이에요."

"망각과 관련된 기관은 뭔가요?"

"기억이 잊히는 것은 불가피해요. 기억은 서로 연결되어 있기에 동시에 활성화되는 뉴런들의 집합체에 불과해요. 시간이 지나고 활성화되지 않으면 연결이 끊어져 회로

사피엔스의 의식

가 작동하지 않게 되죠. 방금 우리는 식사 때문에 만났는데 내가 늦게 왔다는 사실이 생각났어요. 그렇지만 이 모든 것에 대해선 계속해서 이야기할 테니까. 너무 서두르지 마세요. 아직 해결되지 않은 부분이 있다는 것을 나도 잘 알고 있으니까요."

"그래요. 하지만 좀 마음이 급해지내요."

고생물학자는 골반에 관한 논문이 암호화되어 있는 천공 카드 상자를 품에 안고, 나는 듯이 밖으로 나갔고, 페르난도 페스카도르도 자기 할 일이 있어서인지 나를 피삭의 브루탈리즘 건축물 앞에 혼자 남겨 두었다. 희한한 만남에서 온 비물질적인 감정의 결과물이라고 할 수 있는 육체의 두통만 남은 셈이었다. 마침 더위가 기승을 부렸는데, 나는 겨울 나라에서 온 듯한 모습이었다.

# 악어

2022년 가을, 마드리드 콤플루텐세 대학교의 데이터 처리 센터를 방문한 다음 2023년 4월에 다시 만날 때까지 우리들의 일상(고생물학자의 일상과 나의 일상)은 약간의 변화를 겪었다. 나는 그동안 3월에 출간한 소설《단지 연기일 뿐(Solo humo)》을 마무리해서 넘겼고 백내장 수술도 받았다. 아르수아가는 해부학 저서인《우리의 몸》을 마무리했는데, 이 책은 수년 전부터 작업을 해 오던 책으로 '700만 년의 진화'라는 부제를 달고 5월에 세상에 나왔다.

그 몇 달 동안 우리는 별다른 소통의 기회가 없었다. 여기저기에서 드문드문 메일을 주고받았고, 몇 차례 통화를 했다. 그리고 우리 책을 가지고 독자와의 만남 행사를 두

번 열었는데, 행사가 끝나면 우리는 서둘러 도망치기에 바빴다. 그가 바쁘지 않으면, 번번이 내가 바쁘다고 서로에게 핑계를 대곤 했다.

거리는 거리를 만드는 법이다.

어느 날 그로부터 다음과 같은 메시지를 받았다. "신피질이 아닌 것은 악어라는 사실을 기억해 두세요."

뇌의 수많은 부위(학창 시절 나는 지리 과목이 너무 힘들었다. 그래서 지역이라는 의미도 있는 이 '부위'란 용어 자체가 내 방어 기제를 촉발했다)에 대해 메모를 남기기엔 내가 너무 굼뜨다는 사실을 적나라하게 보여 주었던 라디오 인터뷰를 마친 후 나눴던 짧은 대화를 넌지시 꺼내고 있었다. 그는 논의를 단순화하는 데 동의했다.

"이 점만 확실히 해 보세요. 즉 신피질은 포유류의 뇌에서 가장 바깥에 있어요. 인간의 경우 여기에서 감각 정보를 처리하고, 움직임을 통제하며, 언어, 계획 수립, 추상적인 사고와 같은 최상위의 인지 기능을 수행해요."

"왜 신피질이라고 부르죠?"

"최근에야 나타났으니까요."

"얼마나 최근인데요?"

"2억 2000만 년 정도요. 포유류가 출현한 시기와 같아요. 그 전엔 구피질이라고 불렀던 후각피질뿐이었어요."

"새로운 피질 아래엔 뭐가 있죠?"

"신피질 아래엔 악어가 있죠."

"파충류의 뇌 말인가요?"

"원하는 대로 부르세요."

우아한 형상의 신피질 아래 파충류를 숨겨 놓고 있단 생각은 고양이의 가죽을 벗겼는데 쥐가 나타나는, 혹은 오렌지 껍질을 벗겼는데 썩은 감자가 나타나는 것만큼이나 충격적이었다.


가끔 이런 생각이 들어 결국 고생물학자에게 전화해서 파충류의 뇌는 이젠 없어도 되는지 물어보았다.

"아니요!" 그는 단호하게 이야기했다. "파충류의 뇌는 본능적인 행동을 규제해요. 싸움이나 도망과 같은 인간의 활동이 여기에 달려 있어요. 우리 인간 종에선 크기가 작아지긴 했지만, 여전히 생존이나 환경에 대한 적응을 위해선 굉장히 중요한 역할을 해요."

뇌에 대해 생각하게끔 강요하다 보니 두통이 일었다. 소설의 본질에 대해 의식을 가지고 있는 소설이 메타-소설인 것처럼 자기 자신을 성찰하는 뇌가 메타-뇌가 아닐까 싶었다. 그런데 뇌는 스스로를 되돌아볼 수 있을까? 눈은 스스로를 지켜볼 수 있을까? 이 모든 것과 애매한 관계를 맺고 있긴 하지만, 문득 이름도 잊어버린 한 신비주의자의 수수께끼와 같은 말이 떠올랐다. '내가 신을 보고 있는 눈이 바로 신이 나를 보고 있는 눈이기도 하다.' 내가 세상을 생각할 수 있게 해 주는 뇌는 세상이 나를 생각할 수 있게 해 주는 뇌와 같은 것일까?

우리는 날이 갈수록 거리가 더 멀어지고 있다고 이야기하곤 했다.

마침내 아르수아가는 4월 어느 수요일 아침 9시에 자기 집 문 앞에서 새롭게 출발해 보자고 날을 잡았다. 언제나 그랬듯이 우리가 어디에 갈 것인지는 알려 주지 않았다. 그를 기다리는 동안 그의 집 맞은편에 있는 카페에 들어가 커피 두 잔을 주문했다. 한 잔은 그의 몫이었다. 잠시 후 그가 집에서 내려와 나에게 문자를 보냈다. "어디 계시죠?" 나는 "카페에 있어요"라고 답했다.

나는 그가 카페에 들어오는 것을 보았다. 그 순간 나는 우리 사이에 놓인 거리가 진짜인지, 아니면 강박적인 되새김의 결과인지 궁금했다. 마지막 만남에서 그는 나를 과장된

심리학에 빠진 사람으로 내모는 생물학주의자로서의 입장
에 빠져들고 있었다(최소한 나에겐 그렇게 보였다). 물론 아닐 수도
있다. 다시 말해 오히려 나의 심리학주의자로서의 성격이 그
의 생물학주의자로서의 입장을 지나치게 강조하고 있는 것
일 수도 있었다. 그에게 손을 내밀까, 아니면 가볍게 포옹을
해 줄까 고민하며 그가 다가오는 것을 지켜보고 있는데, 짐
짓 하나도 놀라지 않은 듯한 표정으로 만면에 웃음을 띠고
내 곁으로 다가와 백팩을 열더니 선물 하나를 건네주었다.

"선물 받으세요. 여기에 200유로 들었어요."

포장지를 뜯어보니 정말 멋진 편광 선글라스였다. 고생
물학자는 내가 백내장 수술을 한 이후로 과도한 햇빛을 불
편해한다는 사실을 잘 알고 있었다.

"한번 써 보세요. 사이즈를 잘 맞췄나 보게요."

정말 나에게 잘 맞았고 마음에 들었다. 좀 젊어진 듯한 느
낌이었다. 그가 나에게 가격을 이야기한 것은 전혀 개의치
않았다. 아르수아가는 언제나 천진난만한 모습을 보이려고
애를 썼고, 피터 팬이 그의 영웅이었다. 어느 날 자기 핸드
폰에 저장해 놓은 제임스 매슈 배리(J.M.Barrie)*의 전자책 버

---

    *    스코틀랜드 출신의 극작가(1860~1937)다. 그의 가장 유명한 작품

전을 보여 주었던 것이 기억이 났다. 그는 그 책의 첫 구절, "딱 한 명만 빼고, 모든 어린이는 자라기 마련이다"라는 문장을 영어로 읽더니, 나에게 스페인어로 옮겨주었다.

딱 한 명의 자라지 않는 아이가 바로 아르수아가였다. 바로 이러한 성격에서 나만 느끼고 있던, 다시 말해 내가 이미 이야기했듯이 지나치게 깊게 반추해서 생각하려는 성격에서 비롯된 불편함을 단 30초 만에 해소할 수 있는 능력이 나온 것인지도 모른다.

아무튼 나는 그를 가볍게 포옹해 주었고, 순식간에 우리는 어린아이가 된 듯한 기분을 느꼈다. 4월의 어느 수요일, 편광 선글라스를 쓰고 눈부신 햇살이 쏟아지는 것을 느낄 수 있었던 수요일, 지식의 모험을 떠나기 위해 학교에서의 탈출을 시도했다.

차로 향하는 길에 뭔가를 잊었다는 듯이 고생물학자는 길모퉁이에서 걸음을 멈추더니 배낭에서 노란색 야구 모자를 꺼내 나에게 마음에 드는지 물었다.

"멋있는데요."

"얼굴 타지 말라고 우리 아이들이 선물했어요. 선생님도

---

은 《피터 팬》이다.

한번 써 보세요."

나에게는 조금 컸다. 그 모습을 보더니 고생물학자는 씩 웃었다.

"머리가 나보다는 좀 작은 것 같네요."

"뇌도 마찬가지겠죠. 그래서 내가 당신보다 덜 똑똑한 것 같아요."

"그러면 선생님은 뇌의 크기와 지능이 관계가 있다고 믿으세요?"

"나는 잘 모르겠어요. 당신이 말해 보세요."

"19세기 박물학자인 조르주 퀴비에는 그렇게 생각했어요. 아마 그는 머리가 커서 그렇게 생각했을 거예요. 사람들이 모두 그의 모자를 써 보고 싶다고 했거든요. 한번 비교해 보려고요."

"당시의 IQ 테스트 같은 거였나요?"

"어느 정도는요. 그렇지만 문제는 여기에 있어요. 뇌가 작으면 뉴런도 적을 거라는 것이죠. 안 그래요?"

"그렇겠네요."

"그래서 지능이 떨어질 수도 있죠." 비꼬는 듯한 웃음을 지으며 이야기했다.

"그러나 지능은 여러 요소에 달려 있잖아요. 예를 들어,

교육, 유전자, 어떤 사회 경제적인 분위기에서 자랐는지 등에요. 뉴런 연결의 효율성에 따라 달라지기도 할 거예요." 내가 반론을 했다.

"뉴런 연결에 대한 정보는 어디에서 얻었어요?"

"나만의 소스가 있어요."

고생물학자는 묘한 웃음을 지으며 모자를 받아 들었고, 우리는 다시 길을 걷기 시작했다. 새똥으로 지저분해진 차를 타자마자 나는 안경을 벗었다.

"어두운 곳에 들어갈 때는 안경을 벗을 필요가 없어요. 이제 선생님도 광공포증을 자랑할 만한 사회 경제적인 위치까지 왔으니까요. 선생님 연세에 광공포증이 없다면 아무것도 이루지 못한 거나 마찬가지니까요."

우리는 닛산 주크를 타고 M-11 도로를 타고 앞으로 나아갔다.

"나를 어디로 데려가는 거죠?" 내가 먼저 질문했다.

"뇌가 작아도 똑똑한 사람이 될 수 있는지 볼 수 있는 곳으로요."

그 문제에 대해 생각을 정리하기도 전에 우리는 바라하스 공항에 도착했다.

"여행을 떠나는 건가요?" 나는 깜짝 놀랐다.

"어떤 면에서는요. 정신적인 여행이죠."

P-2 구역에 주차한 다음, 동네 새들이 새똥을 싸 놓은 차에서 내리며 이렇게 말했다.

"이 공항은 면적 면에선 유럽에서 가장 큰 공항일 거예요. 3,000헥타르 이상인데 진정한 의미에서 자연 그대로 살아 있는 공원을 만들고 있죠. 선생님은 비행기와 함께 살아가고 있는 야생 동물의 개체 수가 얼마나 되는지 상상도 못 할 거예요. 공항 인프라와 유지 보수 관리 등을 주 업무로 하는 AENA* 직원들은 비행기의 기동성과 생물 다양성의 공존 가능성을 이야기할 수 있는 세계 유일의 동물 관리 시스템을 개발했어요."

"공항에 동물이라고요? 어떤 동물들이죠?"

"먹을 것을 따졌을 때 가장 기반이 되는 것은 토끼예요. 여기에서 출발하여 선생님이 상상할 수 있는 거의 모든 동물이 다 있어요. 여우, 사향고양이, 족제비, 수달, 멧돼지, 거북이, 다양한 종류의 맹금류가 있어요. 선생님도 곧 보게 될 텐데 개체 수에선 매가 압도적이죠."

* 스페인의 공항 운영 회사.

공항의 야생 동물 관리 서비스를 책임지고 있는 앙헬 델 포소와 생물학자인 알레한드라 알라르콘이 우리를 맞아 주었다. 우리는 두 사람과 함께 여러 개의 보안 시설을 통과하고, 수없이 많은 내부의 길고 좁은 통로를 지난 다음, 황량한 들판을 가로질러, 마침내 우리 목적지에 도착했다. 그곳은 활주로의 안전을 위해 훈련된 매들을 사육하는 곳이었다. 입구에는 박제된 작은 동물 표본들이 전시된 진열장이 있었다.

"공항에 사는 동물 대부분은 비행기에 위험을 초래하지 않아요." 앙헬 델 포소가 알려주었다.

"그럼 위험한 동물은 무엇인가요?"

"원래 여기엔 없던 것이 위험한 동물이에요. 우리는 공항에 생물 다양성이 존재하길 원해요. 그래야만 공항이 사막과 같은 곳이 되는 것을 막을 수 있거든요. 그러기 위해서 우리 시설에 출현하는 모든 야생 동물을 잡아 새끼들과 다 자란 성체를 구별해요. 성체들은 일단 여기에 두고 이곳에 익숙하지 않은 새끼들은 밖으로 데려가지요. 별문제를 일으키지 않고 공항에서 사는 새들이 200여 마리 있어요."

"가장 개체 수가 많은 것은 무엇이죠?"

"말똥가리예요. 하지만 참매, 붉은 솔개, 검은 솔개, 흰점 어깨수리, 황조롱이도 있어요."

"매도 물론 있겠죠?"

"당연하죠. 지금 우리가 있는 곳이 매 사육장이에요."

작업장 안으로 막 들어가려고 하는데, 아르수아가가 우리를 멈춰 세웠다.

"잠깐만 기다려요. 잠깐만요. 나는 아직 내 생각을 확실하게 정리하지 못했어요."

아르수아가는 진열장에 전시된 독수리 두개골과 여우의 두개골을 가리키며 말을 이어 갔다.

"독수리와 여우는 몸의 크기가 거의 같고, 따라서 뇌의 크기도 실제 거의 비슷하다는 사실을 잘 주목해 두세요. 독수리는 대략 8킬로그램 정도인데, 여우도 그 정도예요."

"그리고요?"

"이와 함께 새들 역시 뇌가 발달한 척추동물이란 사실을 말해 주고 싶었어요."

"그래서 영리한가 보죠?"

"그럼요. 정말 영리해요. 언젠가 내가 지적했던 뇌와 대뇌의 차이에 대해서 기억하고 있죠?"

"두개골 안에 있는 모든 것이 뇌죠. 그리고 대뇌는 뇌의 한 부분이고요."

"가장 큰 부분이자, 가장 눈에 띄는 부분이죠."

"그리고 두 개의 반구로 나뉘어 있고요." 나는 모범생이나 되는 양 얼른 덧붙였다. "뇌량으로 결합된 왼쪽과 오른쪽 반구로요."

"잘 기억하고 있네요. 새들은, 최소한 덩치가 큰 새들은 크기가 비슷한 포유류와 엇비슷한 정도의 지능을 가지고 있어요. 어떤 경우엔 더 좋기도 해요."

"그럼 독수리가 여우만큼이나 영리한가요?"

"그리고 참새는 쥐만큼의 지능을 가지고 있죠. 우리는 지금 두 가지 유형의 지능을 비교하고 있어요. 한번 상상해 보세요. 독수리가 우리와 다른 행성, 즉 새들만 사는 행성에서 독자적으로 진화했어도, 우리 인간과 비슷한 점을 가지고 있을 거예요. 예를 들어, 단열 시스템으로 깃털을 가지고 있어요. 포유류들이 털을 가지고 있는 것처럼요."

"그래서 이 모든 얘기들은 어디로 이어지는 거죠?"

"조금만 참아 보세요. 이 새 중 일부가 같은 크기를 가진 포유류와 비슷한 인지 능력을 보유하고 있다는 사실을 받아들이긴 쉽지 않아요. 예를 들어, 어치는 먹을 것을 땅에 묻기도 하는데, 그런 행동을 할 때 누가 자기를 지켜보는

가 아닌가를 잘 알아요. 그뿐만 아니라, 어디에 묻어 놨는지를 정확하게 기억해요. 커다란 유인원과 비교되는 놀라운 공간 기억력과 계획 능력을 가지고 있어요. 정말 믿기 어려울 거예요."

"정말 조금은 믿기 어렵네요."

"까마귀는 크기가 비슷한 포유류인 쥐만큼의 지능만 가지고 있는 게 아니에요. 사실 까마귀는 늘보원숭이 정도의 지능을 가지고 있어요. 침팬지보다도 더 영리하죠. 사람들 대부분이 머리가 나쁘다고 믿고 있는 새들은 믿기 힘들 정도의 지능에 도달해 있어요. 바로 이것이 우리가 풀어야 할 문제예요."

"지능을 한번 정의해 주세요."

"지능을 한마디로 정의하긴 어려워요. 그렇지만 기억력, 계획 능력, 도구 사용 능력, 혹은 거울 앞에서 자기 자신을 인식하는 능력과 관계가 있는데, 새들도 이런 것을 할 수 있다는 거죠. 소통 능력과 내면세계에 대한 섬세함과도 관련이 있고요."

"알겠어요." 매를 보러 얼른 들어가고 싶어서 서둘러 동의를 표했다.

"예전에 우리는 그 어떤 동물도 세상을 있는 그대로 보지 않는다는 사실에 관해 이야기한 적이 있어요." 아르수아가는 말을 이어 갔다. "머리에서 보는 것은 현실의 시뮬레이션으로, 일종의 모형이죠. 뇌 안에서 만들어 내는 하나의 모델이에요. 선(善)이 무엇인가 정확한 정의를 내리기 힘든 것처럼 지능도 정확한 정의를 내릴 수 없어요. 과학적인 개념이 아닌 것이죠. 숫자로 표현할 수 없는 것은 과학적이라고 할 수 없어요. 수학적으로 설명할 수 없는 모든 것은 과학적이지 않아요."

"과학적이지 않다는 것은 무슨 의미죠?"

"과학자들이 하는 연구 범위에는 속하지 않는다는 뜻이에요."

"현실 영역에 속하는데도요?" 나는 깜짝 놀라 되물었다. "당신을 포함한 모든 과학자는 현실의 모든 영역에 대해 질문을 던지지 않나요?"

"아니에요. 우리는 수학으로 설명할 수 없는 것들은 전부 문학이라고 생각해요."

"문학이란 단어의 부정적 의미일 수 있겠네요." 내가 한마디 덧붙였다.

"물론이죠. 여타의 모든 것은 신화이자 마술적 사고죠. 이것이 바로 과학자로서 내가 생각하는 것이에요. 숫자로 표현할 수 없는 모든 것은 환상의 영역, 문학의 영역에 속한다는 것이죠. 시스티나 성당은 정말 아름답긴 하지만, 과학은 아니에요. 돈키호테도 훌륭하지만, 마찬가지로 과학이라고는 할 수 없듯이요."

"그렇다면 과학은 현실을 총체적으로 이해하려는 열망이 없나요?"

"있어요."

"정량화할 수 없는 고통은 현실의 한 부분이라고 할 수 있나요? 없나요?"

"정량화할 수 없다면 과학적으로 접근할 수 없어요."

"그렇지만 현실의 한 부분이라고 할 수 있는 것 아닌가요? 아니에요?"

"미야스 선생님, 내가 무슨 말을 해 주길 바라세요? 선생님이 느끼는 발작적인 불안감의 크기는 측정이 어려워요. 더운지 추운지를 물어보면 소위 온도계라는 것을 꺼내, 온도를 재서 이야기해 줄 수 있어요. 나에게 온도는 수은 막대의 팽창을 의미하니까요."

"정량화할 수 없는 것도 존재하지 않나요?" 나는 끝까지 우겼다. "왜 과학은 거기까지 가 보려는 노력을 하지 않는 거죠?"

"시도는 해 봤어요. 그런데…"

"실패했나요?"

"아니요! 우리에겐 온도계가 있다니까요."

앙헬 델 포소와 알레한드라 알라르콘은 옆에서 우리 대화를 들으며 황당한 표정을 지었다. 우리가 어떻게 책을 두 권이나 같이 썼는지 궁금했을 것이다.

"과학은 사랑에 대해 관심이 있을까요?" 내가 질문을 던졌다.

"우리는 호르몬 수준에서, 다시 말해 사랑의 호르몬으로 추정되는 옥시토신을 연구해요. 예를 들어, 선생님이 자식을 갖게 됐을 때, 우리는 선생님의 옥시토신을 볼 수 있어요." 고생물학자가 대답했다.

매를 보러 들어가고 싶어 안달이 난 나는 새의 지능 이야기를 하다가 어떻게 해서 옥시토신까지 왔는지 다시 물었다.

"우리 이야기가 결국 옥시토신까지 이르렀네요. 나를 선생님이 원하는 영역으로 끌고 가길 원했기 때문이에요. 선생님은 내가 의식이 없는 사람으로 보이는 책을 쓰고 싶은 것 같아요. 사실 나는 정반대인데. 나는 다른 누구보다도 사랑에 빠질 줄 알고, 다른 어떤 사람만큼이나 끔찍한 시도 쓸 수 있어요."

"문학이라는 단어가 지닌 부정적 의미에선 이 모든 것이 문학에 속하긴 해요."

"선생님 스스로 나쁜 의미라고 했어요."

"조금 전에 당신이 이야기했잖아요."

"아니요! 나는 단지 그것은 과학이 아니라고 했을 뿐이에요. 주관적인 것이지 객관적인 것은 아니라고요."

"그 말엔 동의해요. 정량화될 수 없는 것도 존재하니까. 문제는 과학은 그것을 이해하지 못한다는 거죠."

"맞아요. 그렇다고 내가 산 세바스티안 스타일의 대구 턱살 요리를 좋아하지 않는다는 것은 아니죠. 과학자들은 감수성이 없다는 주장에 대해 문인들의 입장이 궁금하긴 해요."

"나는 그것을 말한 것이 아닌데요."

"내가 저녁마다 읽고 있는 것이 뭔지 아세요?"

"뭔데요?"

"《오디세이》예요. 나도 우아한 체하길 좋아하는 시인들 만큼 감수성이 있어요."

"밤엔 좀 우아한 체하고 싶어요?"

"여기에서 그 이야기는 그만합시다." 그가 적당히 마무리 지었다.

"내가 궁금하기도 하고 흥미도 있는 점은 여기 지능에 대해 공부하러 오긴 했는데, 지능을 정의하지 못하고 있단 거예요."

"지능에 대한 연구 논문이 없어요. '새들의 지능'이란 제목의 논문도 본 적이 없어요. 문제는 과학이 아니라는 점이에요. 지능은 일상 언어의 영역에 속한 것이기에 정의할 수 없어요. 대부분의 질병은 수치 분석을 통해 정의돼요. 나에게 당뇨병은 혈액에 녹아 있는 인슐린의 비율이지 감정이 아니에요. 당뇨는 수치를 측정할 수 있어요. 감정의 병으로서 당뇨가 뭔지는 알지 못해요. 이런 식으로 작동하는 거죠."

"알았어요."

"아무튼 새들도 높은 뇌화율*을 가지고 있어서 아주 영리하단 점엔 우리도 동의했어요. 그럼 지금부턴 어떻게 까마귀가 훨씬 큰 뇌를 가진 늘보원숭이보다 영리할 수 있는가를 살펴보기로 하죠."

---

\*   뇌의 크기와 신체 크기 간의 비율을 고려한 개념. 신체 크기에 비해 뇌가 얼마나 발달했는가를 본다. 이를 수치화한 것이 뇌화 지수다.

"그렇다면 뇌는 크기와는 관계가 없는가 보죠." 나는 적극적으로 한 걸음 더 나아갔다. "그렇다면 당신 아이들이 선물한 모자가 나에겐 너무 크다고 해서 걱정하진 않아도 되겠군요."

"그것이 바로 우리가 지금부터 살펴볼 문제예요. 더 모순이란 생각이 드는 것이, 늘보원숭이의 뇌에는 신피질이 있는데 까마귀는 없으니까요."

"인지 능력을 책임지는 신피질도 없는 새들이 어떻게 이런 능력을 개발할 수 있었을까요?"

"바로 그 점이 문제죠." 아르수아가는 내 등을 다정하게 토닥이며 의문스럽다는 듯한 표정을 지으며 대답했다.

다소 당황스럽다는 듯이 침묵하며 우리를 지켜보던 이곳 주인들은 우리가 대화를 마치자 앞에서 이야기했던 시설로 함께 들어갔다. 넉 줄의 홰를 지면에 평행하게 설치한 커다란 새장에는 매들이 편히 쉬고 있었다.

"새들이 이곳 공항에서의 생활에 완벽하게 적응했다는 것을 보면 새들의 지능을 볼 수 있어요." 앙헬이 우리에게 설명했다.

"환경에 적응하기 위한 유연성은 지능의 특성이에요."

아르수아가가 얼른 끼어들었다. "곤충들은 훨씬 경직되어 있고 학습 능력도 떨어져요."

"새들과 비교하면 훨씬 더 본능적이죠." 앙헬이 덧붙였다. "새들은 호기심도 있고 목숨을 걸고 배우기도 해요. 학습 방법엔 두 가지가 있는데, 하나는 누군가가 가르치는 것이고, 다른 하나는 몽둥이질을 토대로 한 방법이에요. 여기에선 기본적으로 몽둥이질을 토대로 배우고 있어요."

"진화는 성공을 통해서만 배우기 때문이죠. 인간은 실수를 통해서 배운다고들 해요. 그렇지만 진화는 아니에요. 진화는 성공을 통해서만 배워요. 미야스 선생님, 여기에 대해선 우리는 여러 번 이야기했어요." 아르수아가가 결론을 지었다.

"적응해야만 여기에서 살 수 있어요. 적응하지 못하면 대부분 죽지요. 게다가 사고를 일으킬 수도 있어요. 이 매들은 학습이 가능하단 점에서 매우 영리하다고 볼 수 있어요. 우리가 원하는 것을 매들에게 가르치고 있어요."

매들은 한 마리씩 각자 방에서 먹이통에 묶여 있었다. 이 시설은 전체적으로 텔레비전을 통해 수차례 봤던 관타나모 수용소를 연상시켰다.

"매들을 어떻게 가르치나요?" 내가 질문을 던졌다.

"공항에 침입한 새들을 사냥하지 않고 겁만 주는 식으로 날아다니는 것을 가르치고 있어요. 이미 확실하게 보장된 먹이가 있어야 사냥을 하지 않아요. 우리는 이 매들이 넓은 구역, 넓은 범위를 책임질 수 있길 원해요. 멀리까지 날아가길 요구하죠. 그렇게 할 때마다 우리는 상을 줘요. 이런 식으로 해서 우리가 주는 상을 받으려면 멀리 날아가야 한다는 사실을 머리에 각인시키는 거죠."

"그런데 언제나 다시 돌아오나요?"

"그럼요. 매들이 식별할 수 있는 미끼를 가지고 부르면 언제나 돌아와요. 여기에선 가죽 조각이 달린 줄을 이용하고 있어요. 미끼는 모자를 벗거나 신발을 보여 주는 것으로, 다시 말해 선생님이 원하는 것으로 대신할 수도 있어요."

"새장에 갇혀 먹이통에 묶이는 것을 순순히 받아들이나요?"

"그럼요! 대부분은 여기에서 태어나 여기에서 자랐어요. 달리 살아가는 방법을 몰라요."

"자유를 맛봐도 그것을 덥석 받아들이진 않는다는 거군요." 내가 결론을 지었다.

"그것은 진정한 의미에서의 자유가 아니죠. 진정한 의미

의 자유가 뭔지 몰라요. 매의 입장에서는 풀어놔 주는 것
이 자유를 의미하진 않아요. 왜냐하면 우리는 매들이 그렇
게 하도록 반복적으로 시켰거든요."

"매들이 아는 현실은 이거예요." 알레한드라가 가리켰
다. "절대로 스스로 사냥하러 나서는 일은 생기지 않을 겁
니다."

"당신들도 공항 직원들처럼 교대로 일을 하나요?" 내가
물었다.

"네." 이번엔 앙헬이 웃으며 대답했다. "8시간씩이요. 공
항엔 네 개의 활주로가 있고, 각각의 활주로엔 매가 한 팀
씩 배정돼 있어요. 각 활주로에 배당된 전문가들이 아침이
되면 자기 팀 매를 데리고 나갔다가 점심때 돌아와요. 그
리고 다시 오후를 맡은 매를 데리고 나가죠. 모든 매가 매
일 한 번은 비행을 해요."

"이런 식으로 자기 구역을 만드는 거죠." 아르수아가가
끼어들었다.

"우리가 원하는 게 바로 그거예요. 사냥하는 대신 비행
에 위험한 다른 새들을 쫓아내기 위해 자기 영역을 만들게
하는 거죠. 제일 좋은 것은 언제나 똑같은 활주로 주변을
날아다니게 하는 거예요. 그 활주로를 자기 영역으로 여기

게요. 만일 선생님이 오랫동안 같은 장소에서 매를 날리면 사실 매도 이미 먹을 것이 보장되어 있어서 사냥할 필요가 없어요. 그냥 여타 맹금류나 비둘기 그리고 오리들로부터 자기 영역을 지킬 뿐이죠. 다른 새들을 쫓아내는 거예요. 반대로 배고픈 상태에서 매를 풀어 주면 매는 먹는 것이 유일한 목적이 될 거예요. 무슨 대가를 치르든 먹이를 찾는 것이요. 그렇지만 배고프지 않은 상태에서 풀어 주면 이번엔 자기 영역을 순찰하는 것이 목적이 돼요. 자기 영역이라고 생각해서 그곳을 지키려 드는 거예요. 바로 이것이 우리가 원하는 바예요."

"다른 새들로부터 공항을 지키는 거요." 내가 같은 말을 반복했다.

"심지어 다른 맹금류로부터도 마찬가지예요. 이곳엔 정말 다양한 맹금류가 살거든요. 말똥가리, 참매….”

"이런 맹금류는 비행에 위험한가요?"

"이곳에 살지 않는 것들은 그렇죠."

"각자 자기 먹이통에 묶여 있는데도 이 매들은 정말 놀랄 만큼 온순하군요." 큰소리로 내 생각을 밝혔다.

"사실은 선생님과 아르수아가 씨를 잘 모르기 때문에 좀 불안한 상태예요. 안쪽 새장엔 우리가 지금 기르는 것들이 있어요."

"교미를 시키나요? 아니면 인공 수정을 하나요?"

"인공 수정을 해요. 사람들에게 잡힌 상태에서는 교미를 잘 하지 않아요. 가끔 그런 경우도 있긴 하지만요. 인공 수정을 해야 우리가 가장 좋은 개체를 선택할 수도 있고요."

새장, 즉 혼자 쓰는 우리 한 칸에 털갈이 중인 검독수리가 있었다. 너무 개체 수가 많아진 노루나 여우처럼 덩치가 큰 동물을 사냥하도록 훈련을 시키는 중이라고 이야기했다.

"여우는 될 수 있으면 사로잡으려고 하고 있어요." 앙헬이 부연했다. "정관 수술이나 나팔관을 묶는 수술을 한 다음 인식용 목걸이를 채우고 다시 풀어 주죠."

우리가 이야기를 나누는 동안 독수리는 새들을 지켜볼 때처럼 옆쪽에서 한쪽 눈으로 우리를 지켜보았다. 아르수아가는 독수리 대부분이 인간과는 달리 사물을 입체적으로 보는 능력이 부족하다고 알려 주었다.

"그렇다면 두 눈을 다 뜨고 있을 때는 무엇을 보죠?" 독수리의 뇌는 우리와는 달리 한쪽 눈으로 들어온 정보를 다른 쪽 눈으로 들어온 정보와 뒤섞지 않을 거란 생각에 질문을 던졌다.

"한쪽 눈으로 무엇을 보고 있으면 다른 쪽 눈으로는 다른 사물을 보는 거죠. 말처럼요." 아르수아가가 알려 주었다.

"독수리의 뇌는 두 이미지를 통합하진 않나요?"

"안 해요. 아니 할 수 없어요. 선생님이 3D 사진을 찍으려면, 이미지들을 겹쳐서 찍을 수 있는 카메라가 두세 대는 필요해요."

"뇌가 서로 다른 이미지들을 동시에 어떻게 처리하는지 이해가 잘 되진 않네요."

"한가로이 풀을 뜯는 말이 있다면 이 말은 이쪽과 저쪽, 즉 양쪽에서 접근하는 사자를 동시에 찾아내야 해요." 아르수아가가 분명하게 설명해 주었다. "말 입장에서는 풀의 이미지를 입체적으로 보는 건 중요하지 않아요. 그 정도로 부족하지 않거든요. 하지만 사자는 그렇지 않아요. 그래서 사자들은 눈이 정면으로 모아져 있는 거예요. 독수리는 그렇지 않은데 말이에요."

이 시설에는 미국 영화 속 사형수 감옥을 연상시키는, 다시 말해 육중한 철문을 통해서만 들어갈 수 있는, 사방이 꽉 막힌 감방처럼 생긴 공간으로 이루어진 특별한 구역이 있었다. 철망으로 덮여 하늘이 약간 보이긴 하지만 빛도 잘 들어오지 않는 공간이었다. 근처에서 잡힌 동물들은 열흘 정도 그곳에 가둬 놓는다고 했다. 구름이나 파란 하늘 외엔 다른 기준점을 설정하지 못한 채 열흘이 지나면 대다수 동물은 방향 감각을 잃어, 산맥 너머에서 이들을 풀어놓으면 다시는 공항으로 돌아오지 못한다고 했다.

"이 방법은 정말 효과적이에요. 실제로 일부 개체에 GPS 장치를 부착했는데 산맥이 장벽 효과를 만들어 낸다는 사실을 확인했어요." 앙헬이 설명했다.

그런 다음 우리는 커다란 방에 들어갔는데, 그곳엔 매들에게 씌우는 두건 같은 것이 놓여 있었다. 다양한 두건들이 있었는데, 각각 주인 이름이 쓰여 있었다. 피스톨라(권총), 프레샹그레*, 도쿄, 반돌레로(산적), 카나리아…. 손으로 쓴 것도 있었다. 생김새도 색도 다른 두건들이 벽에 걸린 나무판 위에 놓여 있는 것을 보니 부티크의 오브제 같았다.

"매에게 후드를 씌우면 어떻게 되나요?" 내가 질문을 던졌다.

"보는 것을 그만두겠죠. 그리고 보는 것을 그만두면 글

---

\*     예수의 피를 의미하는 'preciosa sangre'를 합성해서 만든 이름으로 보인다.

자 그대로 죽은 듯이 가만히 있을 거예요." 알레한드라가
대답했다.

나는 뒤로 돌아 매를 어깨 위에 올려놓은 아르수아가를
바라보았다. 매를 힘들게 하고 싶지 않다는 듯이 천천히
움직이며 나에게 이야기했다.

"보세요. 이 매는 각인이 되어 있거나 머리에 새겨져 있
다고 할 수 있어요."

"도대체 무슨 말이에요?"

"알에서 깨어나는 순간부터 유일하게 사람만 봤기 때문
에 자기도 사람인 것처럼 생각한다는 뜻이에요. 다른 매를
봐도 일체감을 느끼지 않아요. 오히려 우리와 일체감을 느
끼죠. 번식할 때가 오더라도 매를 찾는 것이 아니라 사람
을 찾을 거예요."

"우리도 어떤 의미에선 각인이 되어 있거나 새겨져 있어
요." 나도 농담을 했다.

"이것은 콘라트 로렌츠(Konrad Lorenz)의 거위 이론이에
요." 고생물학자는 말을 이어 갔다. "유전적으로 물려받은
프로그램된 행동 지침을 가지고 있다는 거죠. 알에서 깨어
나왔을 때 처음 본 것이 전기 기차라면 거위는 자기도 일
종의 전기 기차에 속한다고 믿지요. 유전적 프로그램이 거

위에게 너는 알에서 깨어나 처음 본 사물에 속한다고 이야기해 준다는 것이죠. 그래서 거위가 그렇게 충직하게 농장 관리인들을 따르는 거예요. 거위가 자기의 종을 정확하게 인식하도록 프로그래밍하는 것은 불가능해요. 거위에게 종(種)이란 부화 후 처음 본 대상인 거예요. 만일 의자를 봤다면 자기도 의자인 거죠. 콘라트 로렌츠의 이론이 나올 때까지는 사람이나 동물 모두 어떤 지침을 가지고 태어난다고는 생각지 않았어요. 보상이나 처벌을 통해 학습한다고 믿었죠. 로렌츠는 행동주의 이론을 설파하여 노벨상을 받았어요. 동물들을 선생님이 원하는 행동을 하도록 훈련시킬 수 있지만, 유전적인 기반도 분명 있어요. 모든 것이 조건화는 아니에요. 그렇다고 모든 것이 환경이나 문화도 아니고요."

임무 수행차 비행을 하는 매를 관찰하기 위해 공항 활주로에 나갔을 때는 벌써 정오가 되어 있었다. 활주로에 닿지 않고 이쪽저쪽으로 움직이고 있었는데, 어떻게 가로질러야 하는지 잘 알고 있었다. 비행기가 높이 있을 때는 그 아래로, 비행기가 낮게 날고 있을 때는 그 위로 날았다. 매 몇 마리는 칩을 달고 있어서 모니터로 그들의 움직임을 낱낱이 추적할 수 있었는데, 매들은 모범 공무원처럼 성실하게 규범을 따르는 것이 보였다.

앞에서 말했듯이 공항은 자연 동물원이라고 칭해도 좋을 정도로 다양한 동물군이 살아가는 3,000헥타르가 넘는 어마어마한 면적으로 이뤄졌다. 먹이 사슬의 가장 아래는 토끼였고, 여우는 토끼를 잡아먹고 살았다. 이런 식으로 아무것도 먹지는 않지만, 왕의 자리를 차지하고 있는 비행기까지 연속적으로 먹이 사슬이 이어졌다.

"우리는 먹이가 되는 동물의 개체 수를 고려하지 않고 4,000헥타르의 땅에 자연적으로 있어야 하는 여우의 개체 수에 관해 연구하고 있어요." 매의 기동 훈련을 관찰하고 있는데 앙헬이 말을 꺼냈다. "지금 당장은 토끼가 많지만 10년 후엔 토끼가 적어질 수도 있거든요. 자연 상태에서 여우는 11마리에서 14마리 정도라고 해요. 지금 우리는 11마리로 통제하고 있어요. 최근에 한 마리가 죽었는데, 나이가 많았죠. 우리가 사로잡았을 땐 이미 늙은 뒤였어요. 11마리 중에서 8마리는 암컷인데 모두 목걸이로 표시를 해 놨어요."

두 시간 후 고생물학자와 나는 공항 근처에 있는 '알라메다 데 오수나' 레스토랑에서 베르데호 와인을 곁들여 크로켓을 먹었다.

"선생님의 삶을 너무 복잡하게 만들고 싶지 않아요." 아르수아가가 입을 열었다. "새로운 데이터가 선생님을 정신 없게 만든다는 것을 잘 알거든요. 그렇지만 이것은 꼭 기억해 두세요. 우리가 예전에 이야기했던 그 어느 것보다 더 단순하니까요. 인간의 두뇌를 구성하는 두 반구에 대한 건데, 실제로는 모두 신피질이에요."

"그것은 이미 잘 소화했어요. 최근에 진화했기 때문에 새로운 피질이라고 부른다 등등요."

"그럼 이것도 기억해 두세요. 오직 포유류만 신피질이 있다는 것도요. 신피질에서 가장 오래된 부분은, 당연할 수도 있는데 옛겉질(paleocortex)이라고 불러요. 두뇌에서 후각을 담당하는 부분이에요. 인간 두뇌의 여타 부분과 비교했을 때 상대적으로 아주 작아요."

"구어체적인 표현으로는 파충류, 즉 악어의 뇌라고 부르는 거예요. 좀 더 단순화시킨다면 신피질이 아닌 것은 다 악어인 셈이죠."

"정확해요. 인지 능력은 신피질에 달려 있어요. 고등 영장류, 특히 인간에게서 고도로 발달했어요. 사실 신피질의 주름은 신피질이 너무 커져서 두개골이란 상자에 들어가기 위해선 부피를 줄여야 했기 때문에 생긴 거예요."

"이런 주름과 고랑이 분명히 어떤 기능이 있을 거라고 믿었어요."

"물론 있죠. 두개골과 같이 작은 용기에 들어가기 위해서 부피를 줄이는 기능이 있어요. 여기 종이 냅킨을 한번 보세요. 펼치면 컵에 들어가지 않지만 구기면 완벽하게 들어가잖아요."

고생물학자는 기능을 설명함과 동시에 냅킨을 구겨 보여 줬다. 결과는 놀랄 정도였다. 냅킨에는 이런저런 주름도 있고, 고랑과 이랑이 있어 진짜로 종이로 만든 뇌와 닮았다는 생각이 들었다.

"이런 식의 수축이 뇌에 손상을 가져오지 않는 이유는 뭐죠?"

"뇌는 매끄럽게 생겼거나 주름이 졌거나 똑같이 작동하거든요."

"굉장히 유연해야겠네요."

"바로 여기에 좋은 점이 있어요." 잔을 들며 설명을 이어 갔다. "우리가 왜 외출했는지를 말해 주는 것이요. 새들은 신피질이 없어요. 다시 말해서 인지를 책임지는 부분이 없어요."

"그렇지만 오전에 봤듯이 새들은 정말 영리하잖아요."

"까마귀는 지능이라는 면에선 침팬지를 능가할 정도죠."

"이것을 어떻게 설명할 수 있죠?"

"지금까진 설명이 어려웠어요. 그런데 지난주에 새들에 겐 신피질은 없지만 팔륨이라는 이름을 가진 작은 구조를 가지고 있다는 것을 밝힌 최초의 논문이 나왔어요. 팔륨은 깨알 같이 채워진 아주 작은 뉴런으로 구성되어 하나의 다발을 형성해요. 그 결과 참새나 까마귀류의 새들은 유인원의 신피질보다 더 많은 뉴런을 팔륨 안에 가지고 있을 수 있어요. 다시 말해 새들은, 차곡차곡 깨알 같이 쌓여 있는, 작지만 엄청나게 많은 뉴런을 저장할 수 있는, 엄청난 밀도를 가진 구조로 이루어진 시스템을 만들어 낸 거죠. 새들은 몸집이 작아서 커다란 뉴런이 필요하지 않아요. 조금 더 이야기하자면, 손이 없어서 지구를 지배하지 못했지요. 그렇지만 부리가 있어요. 그리고 이 부리가 일본식 젓가락만큼이나 아주 정교하게 기능해요."

"숙련된 일본인은 젓가락으로 날아다니는 피리도 잡을 수 있어요." 영화 속 한 장면이 떠올랐다.

"페르미의 역설에 대해 들어 봤어요?"

"들어 본 것 같긴 한데 지금은 잘 생각이 나지 않네요."

"1938년 노벨 물리학상을 받은 엔리코 페르미가 이야기했어요. 외계 문명의 존재 가능성이 높은데 우리는 아직 외계인들과 소통한 적이 없다는 너무나 명백한 모순을 의미해요."

"맞아요."

"여기에 대해 나는 새가 우리의 외계인이라고 대답하고 싶어요. 아직 좀 배가 고픈데 다른 것을 더 주문하는 것이 어떨까요?" 고생물학자는 이 말로 마무리했다.

# 인공 지능의 치료

백내장 수술 이후 아르수아가가 선물한 선글라스를 쓰고 거리를 걷는 꿈을 꾸었다. 잠시 후 아침 식사를 하려고 카페에 들어갔는데, 종업원이 선글라스를 쓰는 것이 금지되어 있다며 벗어달라고 요구했다. 선글라스를 벗자 나는 사물의 내부를 보는 일종의 형이상학적인 시선을 얻게 됐다. 나에게 가져다 준 카페 라테는 보이지 않았지만, 그것의 본질은 볼 수 있었고, 철판에 구운 크루아상은 볼 수 없었지만, 마찬가지로 그것의 본질은 볼 수 있었다. 자리를 차지하고 있는 사람들, 탁자들, 의자들, 계산대 등의 본질 역시 마찬가지였다. 나는 카페 라테와 철판에 구운 크루아상의 본질로 아침 식사를 했다. 거리에 나서며 다시 선글라스를 쓰자, 모든 것이 다시 정상으로 돌아왔다.

아침에 ChatGPT에게 꿈 이야기를 들려주며 이를 프로이트의 관점에서 분석해 줄 수 있는지 물어보자, 나에게 이런 식의 답변을 했다.

물론입니다. 당신의 꿈에 대한 프로이트식의 분석을 해 볼 수 있습니다. 꿈에 대한 정신 분석은 꿈에 나타난 여러 가지 요소들의 상징적인, 그리고 잠재의식적인 해석에 기초하고 있다는 점을 기억해 두십시오. 그리고 꿈에 대한 해석은 주관적이고 각각의 개인에 따라 달라질 수 있다는 점을 유념하십시오. 그럼 당신이 공유한 꿈에 대해 가능한 해석은 다음과 같습니다.

첫째, 백내장 수술 이후 빛으로부터 당신을 보호하기 위해 친구가 선물한 선글라스는 당신이 일상생활에서 최근에 얻은 방어기제일 수 있습니다. 이런 종류의 선글라스는 눈을 극도로 어지럽히고 현란하게 하는 것으로부터의 보호를 상징합니다. 프로이트는 백내장이 명료성이 떨어지거나 현실에 대한 시각에서 왜곡이 일어나는 현상을 나타낸다고 주장할 것입니다.

카페에 들어서자 종업원이 당신에게 선글라스를 벗으라고 요구한 것은 당신이 필터나 방어를 위한 장벽이 제거된 현실에 더 많이 노출할 것을 요구하는 환경에 처해 있다는 것을 가리킵니다.

**사피엔스의 의식**

선글라스를 벗자 피상적인 겉모습 너머를 볼 수 있는 형이상학적인 시선을 얻게 되었다고 했는데, 이는 사물을 좀 더 깊게 이해하고 싶다는, 그리고 외적인 모습 속에 감춰진 본질을 찾고 싶다는 잠재의식적인 욕망을 보여 주는 것입니다.

이런 의미에서 꿈은 지식에 대한 열망 혹은 삶의 의미를 찾고 싶다는 본능적인 충동 등을 반영한 것입니다. 카페 안의 사물과 사람들의 본질을 본다는 것은 겉모습을 뛰어넘어 그 아래 감춰져 있는 근본적인 현실과 관계를 맺고 싶다는 욕망을 가리키는 것일 수 있습니다. '본질'로 아침 식사를 한다는 것은 내면의 자아에 영양분을 주고, 정서적이고 영적인 차원에서 자신을 키워야 할 필요성을 상징하는 것일 수 있습니다.

그런데 거리에 나서면 다시 햇빛이 당신을 괴롭힐 것입니다. 이는 비록 당신이 계시의 순간 혹은 깊은 성찰의 순간을 가졌지만, 여전히 현실과 어느 정도 거리를 유지하고 당신에게 불편하거나 도전적이라고 여겨지는 것들로부터 당신을 보호함으로써 좀 더 편안하다고 느낀다는 사실을 가리키는 것일 수 있습니다.

일반적으로 꿈은 사물의 본질을 이해하려는 욕망과 보호와 정서적인 거리가 제공하는 편안함 사이의 갈등을 암시합니다. 당신의 삶과 당신이 처한 개인적인 환경과 연계하여 이 꿈의 개인적인 의미를 좀 더 잘 이해하려면 당신만의 경험과 현재의 감정을 깊이 성찰해 보는 것이 유용할 것입니다. 꿈의 분석은 주관적이며 개인적일 수밖에 없으며, 좀 더 완벽하게 이해하기 위해서는 당신의 감정과 꿈에 나타난 다양한 요소의 결합에 대해 좀 더 깊이 탐구하면 유용할 것입니다.

나는 그 자리에서 아르수아가에게 메일을 보내 이 일에 직접 끼어들게 만들었다. 나는 ChatGPT의 대답이 조금은 판에 박은 듯했지만, 인공 지능이 보낸 것이라는 점에서 특별하다는 생각이 들었다고 이야기했다. "나는 때때로 인공 지능이 우리가 생각하는 것 이상으로 영리하다는 생각을 합니다. 비록 우리가 그런 사실을 알아채지 못하도록 멍청한 척하긴 하지만 말입니다." 나는 이렇게 결론을 내렸다.

다음이 고생물학자의 답장이었다.

선생님의 말씀이 놀랍기만 하군요. 댄 시먼스의 소설 《히페리온》에서 주인공이 치료사를 찾아가는데 놀랍게도 치료사는 기계죠(주인공이 듣는 것은 목소리뿐이지만 우리는 그것이 기계라는 것을 알 수 있습니다). 어느 순간 주인공은 기계에게 이렇게 이야기해요. "만약 네가 기계에 불과하다면 감정에 대해서 뭘 알겠어!" 그러자 치료사가 이런 대답을 해요. "우리가 여기 있는 것은 나에 관해 이야기하려는 것이 아니라 당신 이야기를 하려는 거예요." 이는 인간 치료사가 이와 비슷한 이야기를 들었을 때 할 수 있는 말과 똑같았어요. 사실 뭘 더 이야기할 수 있겠어요! 기계가 감정을 느끼는지, 생각을 하는지, 의식과 오감이 있는지 질문을 한다는 것은 아무 의미도 없어요. 그것을 알 방법도 없고요. 기계가 이 모든 것을 가지고 있는 것처럼 행동한다는 것을 알고 있을 뿐이죠. 그러나 진짜로 가지고 있는지는 알 수 없어요. 공감 능력이 있는 것처럼, 혹은 인간보다 훨씬 더 공감하는 것처럼 행동할 수도 있어요.

행운을 빌어요!

# 자아

아르수아가는 핸드폰에 저장된 손자의 영상을 보여 주었다.

"손자가 있는 줄은 몰랐어요."

"이제 8개월 됐어요. 이 녀석이 뭘 하는지 한번 잘 보세요."

아이는 벽에 매달아 놓긴 했지만, 바닥까지 내려온 거울 앞으로 기어갔다. 거울 속에 비친 자기 모습을 알아보지 못하고 거울 속 아이와 놀려고 했다. 어린이집 친구들에게 하는 것처럼 입을 맞추려고 했으나, 딱딱한 거울에 부딪히고는 뭔가 설명을 구하려는 듯이 자기 영상을 찍고 있던 어른을 향해 고개를 돌렸다. 그리고 다시 뽀뽀를 시도했고, 다시 실패를 맛보았다. 그러나 아이는 포기하지 않고 계속 시도했다.

"아직은 자아가 없어서 거울 속의 자기 모습을 인식하지 못해요." 아르수아가가 이야기를 시작했다.

"굳이 그럴 필요가 없겠죠." 나도 한마디 거들었다. "불교에선 '자아'가 인간 고통의 근원이에요. 자아로 정의되는 환영과도 같은 것에 대한 집착이 우리를 물질세계에 얽매이게 할 뿐만 아니라, 욕망에 빠지게 하고, 결과적으로 만족하지 못하게 만들죠."

"선생님의 개인적인 경험에서 비롯된 것인가요?"

"그렇게 생각하세요?"

그 순간 프랑스 정식분석학자인 자크 라캉이 만든 개념인 '거울 단계'라는 개념이 떠올랐다. 이 시기는 아이가 거울을 통해서, 그리고 일반적으로 "이게 바로 너야"라고 이야기해 주는 어른의 도움을 받아 자기 자신을 인식하게 되는, 6개월에서 18개월 사이에 있는 발달기를 가리킨다. 아이는 손보다는 머리로 훨씬 더 멀리까지 나아갈 수 있는데, 일반적으로 자기 자신을 한정된, 그리고 관절로 연결된 하나의 신체 지형으로 처음 인식하게 될 때 열광적인 감정을 드러낸다. 그때까지 자기 자신을 위에서 아래까지 전체적으로 관찰할 기회가 없었기 때문이다.

나는 그 나이 때 부모님 침실의 세 칸짜리 옷장 거울 앞에 선 내 모습을 떠올려 보려고 노력했다. 부모님은 내 뒤에 서서 거울 속 아이가 바로 나라는 사실을 확신시켜 주셨다. 저 아이가 나인가? 혹은 또 다른 나일까? 나는 77세의 나이에 어린아이였을 때만큼이나 당혹스러운 마음으로 스스로에게 질문을 던졌다. '나'인가 '또 다른 나'인가? 이것이 문제였다. 우리가 우리를 인식함과 동시에, 우리 안에 있는 '타자'를 발견하는 걸까? 바로 이 근원적인 순간, 우리 안에 살고 있음에도 불구하고 분명히 우리와는 다른 존재에 대해 벌써 의심을 하고 있는 걸까? 그리고 또 다른 문제도 있다. 방금 발견한 '나'는 태어났을 때부터 (심지어는 태어나기 전, 다시 말해 우리 부모님이 우리를 상상만 하고 있었던 그때부터) 시작된 일련의 과정을 통해 형성된 것일까? 아니면 예수를 찾아왔던 동방 박사나, 수박을 짜갠 주방의 칼처럼 갑자기 우리 머리에 훅 들어온 걸일까?

내가 이런 문제를 깊이 생각하고 있는 동안, 아르수아가는 놀람과 불신 사이를 오가며 희미한 미소 속에서 계속 자기 손자 영상만 보고 있었다. 각자 자기만의 내면세계에 빠져 우리를 엿보고 있던 열사병의 위험에 신경을 쓰지 못하고 있었다. 7월 어느 날 오후 4시, 우리는 정차된 아르수아가의 닛산 주크(안타깝지만 결국 산산조각이 날 것 같았다) 안에 있었는데, 온도계는 40도를 오르내리고 있었고, 포장도로 아래엔 지옥이라도 있는 듯이 마드리드의 아스팔트는 불같이 펄펄 끓고 있었다. 지옥형을 선고받은 이들의 고통에 찬 비명을 들을 수 있을 것 같았다.

"에어컨을 켭시다!" 내가 채근했다.

"작동하는지 볼까요."

다행인지 에어컨이 작동됐고, 덕분에 우리는 죽음에서 벗어날 수 있었다.

다시 달리기 시작했을 때, 그에게 우리 목적지를 물었다. 그는 카를로스 3세 건강 연구소(Instituto de Salud Carlos III)에 가고 있다고 대답했다. 그곳에서 그의 동료인 마드리드 콤플루텐세 대학교의 생물심리학 박사인 마누엘 마르틴-로에체스가 주관하는 정체성과 '자아'에 관한 연구에 나를 참여시킬 거라고 했다.

"선생님의 모든 고통을 유발하는 '자아'라는 것이 어디에 있는지 보기 위해 선생님의 뇌를 지도로 그려 볼 거예요. 학생들과 함께 진행하고 있는 실험인데요. 우리가 가장 가까이에서 접할 수 있는 실험 대상이 학생이기 때문이죠."

"그럼 나를 기니피그로 활용할 건가요?"

"수많은 대상 중 하나인 셈이죠."

연구소가 카스티야 광장 옆, 가까운 곳에 있었기 때문에 금세 도착했다. 바로 마르틴-로에체스 박사를 만났는데, 그는 나에게 미겔 루비아네스라는 젊은 연구원을 소개해 주었다. 나는 연구원에게 아프게 할 건지 물었다.

"아니요." 그는 빙긋 웃었다. "우리는 선생님과 함께 뇌전도* 연구를 할 건데요, 이를 통해 대뇌 피질에 있는 특정 뉴런의 전자기파 활동을 측정할 겁니다. 다만 예단을 가지고 실험에 들어가지 않기 위해 아무것도 먼저 알려 주진 않을 겁니다."

"'자아'가 어디에 있는지는 이야기해 줄 건가요?"

"우리가 알아내려는 것은 뇌의 어느 부분이 선생님 본인을 의미하는 자아와 정체성 등과 관련이 있는가라는 점입니다."

"다른 말로 하면 뇌의 어디에 내가 있는지 알아보겠다는 거군요."

"비슷해요. 실험은 아주 간단한데 조금은 번거로워요.

---

* 머릿골 신경 세포의 전기 활동을 그래프로 기록한 그림.

**사피엔스의 의식**

머리 전체에 케이블을 연결해야 하는데 이게 시간이 좀 걸려요."

"알았어요. 무릎에 '자아'가 있진 않다는 사실까진 알겠네요. 무릎에 자아가 있다면 그곳에 케이블을 연결했을 텐데."

"무릎에 주사를 놓으면 어디가 아프죠?" 갑자기 아르수아가가 끼어들었다.

"당연히 무릎이 아프죠."

"그런데 사실 뇌가 아픔을 느껴요."

"그러나 뇌는 아프지 않아요." 마르틴-로에체스가 이야기했다. "고통을 유발하지 않고도 뇌는 원하는 만큼 만질 수 있어요. 아픔을 느끼지 않는 유일한 기관이거든요."

"하지만 무릎도 아픔을 느끼지 않아요." 아르수아가는 모순을 차곡차곡 쌓고 있었다.

"아프지 않았으면 좋겠네요. 몇 년 전부터 콜라겐과 히알루론산에 기반한 치료를 받았는데도 왼쪽 무릎에 문제가 좀 있어요."

그들은 내 통증의 원인이 무릎 근육이나 힘줄, 혹은 인대나 뼈에 있을 거라고 짧게 설명해 주었다. 무릎을 어딘가에 부딪치게 되면 신체의 해당 지점에 있는 신경계의 수

용체는 전기 신호를 중앙 신경계로 보내고, 중앙 신경계는 다시 이 신호를 뇌로 보낸다는 것이다. 그러면 뇌는 이 신호를 통증으로 해석한다. 결과적으로 뇌는 그 신체 부위에서 받은 감각 정보를 처리하여 통증이란 하나의 경험을 만든다.

통증에 무감각한 뇌가 통증이라는 주관적인 경험을 생성하는 일을 맡고 있다는 사실이 나는 너무 충격이었다. 사랑도 할 줄 모르는 사람이 정말 아름다운 사랑의 시를 쓸 수 있다는 것만큼이나 황당했다. 이해하기가 쉽진 않았지만 이해한 척했다. 나는 평생을 이해한 척하고 살아왔고, 연습도 했다.

"아무튼 '자아'가 머리에 있다는 것은 알 수 있게 됐어요. 하긴 모두 다 머리에 있다고 알고 있을 거예요." 내가 간단히 정리했다.

"선생님이 서양인이기 때문에 그런 말씀을 하는 거예요." 다시 아르수아가가 끼어들었다. "나는 레오나르도 다빈치에 관한 책을 구상 중인데, 15세기 사람들에겐 자아가 뇌에 존재하지 않는다고 믿었어요. 선생님이 거기 위쪽에 있다고 아는 것은 공부했기 때문이에요."

나는 놀란 표정을 지었고, 여기에 아르수아가는 이렇게

반응했다.

"거기 위쪽에 있다는 말은 무엇을 가리키는 것일까요?" 그가 질문을 던졌다.

"손을 잘라도 나는 계속해서 생각할 수 있다는 사실을 잘 알고 있어요. 두 다리를 잘라도, 혹은 눈 하나를 뽑아도 마찬가지고요."

"그렇지만 내장도 있잖아요. 내장을 제거하면 선생님도 죽을 수밖에 없어요. 선생님이 자아가 머리에 있다고 아는 것은 누군가가 그것을 이야기해 줬기 때문이에요."

"그래요?"

"생각할 때 머리에 어떤 느낌이 있나요? 톱니바퀴가 돌아가는 듯한 소리가, 적어도 그런 비슷한 소리가 들려요?"

그렇진 않다는 것을 인정할 수밖에 없었다. 분명히 아무 소리도 들리지 않았다. 그래서 우리는 다음 단계로 넘어가기로 했다.

"당신 처분에 따를게요." 내 입장을 밝혔다.

우리는 복도를 따라 걷다가 유리문이 달린 진열장 앞에 멈췄다. 아르수아가의 설명에 따르면, 결핵으로 인해 구멍이 뚫리긴 했지만, 전체 생김새는 온전한 뇌로 그 안이 가득 차 있었다. 포르말린인지 뭔지는 잘 모르겠지만, 뇌가 부패하는 것을 막기 위해 사용한 물질에서 나는 냄새 같았다. 뇌의 생김새를 보니까 속이 좀 메슥거려, 그 불편함을 핑계로 집에 돌아가고 싶었다. 특히 복도 끝에서 눅눅한 지하실로 내려갔는데 영화 〈프랑켄슈타인〉에 나오는 지하실이 떠올랐다(내가 실험 대상이라는 사실이 떠올랐다). 아래로 내려가는 동안 마르틴-로에체스 박사는 나에게 우리 모두는 정체성과 관련된 것, 즉 얼굴, 개인적인 물건, 이름 등에 대한 정신적인 표상이 있다고 설명했다.

부모님과 형제들이 내 정체성과 관련된 구조의 일부를 구성하고 있다는 사실을 추론할 수 있었다. 그리고 그다음으로는 사촌이나 삼촌도 있다는 것이 생각났다. 다른 말로 하면 친족 관계가 멀어질수록 정체성과 관련된 느낌 역시 약해진다는 것도 깨달았다.

"물건에서도 똑같은 일이 일어난다는 것인가요?" 내가 질문을 던졌다.

마르틴-로에체스는 고개를 끄덕였다. 나는 이것까진 이해할 수 있었다. 나는 바라보거나 만지기만 해도 나의 특정한 이미지를 떠올리는 부적과도 같은 물건들로 작업실을 꽉 채워 놓고 있었기 때문이다. 예를 들어, 첫 월급으로 샀던 손목시계를 아직도 간직하고 있다. 그 시계엔 모르는

**사피엔스의 의식**

사람의 시계에선 전혀 느낄 수 없는 나와 관계된 뭔가가, 나를 감동하게 만드는 뭔가가 있다. 그래서 물건들 역시 '자아'의 거울과 같은 작용을 한다. 우리 인간들은 최근에 세상을 떠난 사랑하는 사람들의 옷을 없애는 데 어려움을 느낀다는 이야기를 몇 번 글로 쓴 적이 있다. 옷에는 그 사람이란 존재의 흔적이 어떤 식으로든 남아 있기 때문이다. 아버지 혹은 어머니의 '자아'가 아버지의 재킷이나 어머니의 구두에서 빠져나가기 위해선 상당한 시간이 흘러야만 한다.

마르틴-로에체스는 내 생각을 지지했고 개인적인 물건을 가지고 실험도 했다고 알려 줬다.

"각각의 참가자에겐 자기 '자아'의 일부가 되어 버린 물건이 어쩌면 일종의 딜도*인 셈이에요." 간단히 몇 마디를 덧붙였다.

"핸드폰은 이미 우리 머리의 출장소 같은 것이 됐어요." 내가 말을 받았다.

"부르고스에 위치한 인류 진화 박물관에는 현미경이 하

---

\*     자위를 위해 사용하는 삽입형 자위 기구다. 대체로 여성의 성기 혹은 항문에 삽입하여 오르가슴을 느끼기 위한 용도로 사용한다.

나 있어요." 아르수아가가 얼른 끼어들었다. ""카할*의 현미경과 같은 시리즈죠. 같은 날 만든 것일지도 몰라요. 많은 사람들이 제게 카할이 쓰던 현미경이 아니냐고 자꾸 물어요. 사람들은 전염성이 있는 신비한 마법의 힘을 믿으니까요. 어떤 사람이 소유한 물건에 존재의 일부가 옮는다고 생각하는 거예요. 하지만 안타깝게도 그건 카할이 진짜로 소유했던 현미경이 아니에요. 가장 '문명화된' 사람들조차 '야만인'들이나 가졌던 마법적인 사고의 잔재를 여전히 간직하고 있어요."

"카할의 안경을 갖고 있는 것과 다른 사람의 안경을 갖고 있는 게 같을 수는 없죠." 로에체스가 얼른 맞장구쳤다.

예전에 내가 〈물건들이 우리를 부른다(Los objetos nos llaman)〉라는 단편, 아니 단편 비슷한 작품을 낸 적이 있다는 사실을 말하지 않을 수 없었다. 스스로를 페티시스트라고 생각하지 않는 우리까지도 특정 물건과 묘한 관계를 맺고 있음을 털어놓은 작품이었다.

그 순간 우리는 환기 시설조차 없는 지저분한 방에 도착

---

\*   흔히 근대 뇌 과학의 아버지라고 불린다. 1906년 스페인 최초로 노벨상을 수상한 신경조직학자다.

했다. 정말 답답한 느낌을 주는 방이었는데, 탁자와 의자 그리고 컴퓨터 모니터밖엔 보이지 않았다.

"혹시 소변을 보시려거든 지금 보세요. 케이블을 연결하고 실험을 시작하면 두어 시간은 금세 지나가거든요."

나는 오줌을 자주 눴기 때문에 지하실 복도에 있는 조그만 화장실로 갔다. 그곳에서 오줌을 누는 동안 나의 삶과 나와 관련된 물건들을 생각했다. 아르수아가가 내 손이 미치는 곳까지 내 몸도 도달할 수 있다는 말을 했던 것이 떠올랐는데, 그 말에 대해선 확신이 서질 않았다. 예를 들어, 내 몸은 핸드폰, 노트북, 소프리토**를 만들기 위해 마늘이나 양파를 자르는데 사용한 부엌칼 등으로 확장되기도 한다. 그리고 메모를 위해 언제나 몸에 지니고 다니는 볼펜과 청바지에 쏙 들어가는 직사각형 모양의 수첩 역시 마찬가지였다. 그리고 매일 밤 나 자신과 한 몸이 된 것 같은 느낌에 함부로 벗어던지기도 힘든 양말이나 구두는 말할 것도 없었다. 맨발은 언제나 끝도 없는 연민을 불러일으켰

---

** 현대 스페인 요리에서 소프리토는 마늘, 양파, 고추를 올리브유로 볶아 만든 것으로 여러 요리에 기본 베이스로 사용한다. 토마토나 당근이 들어가기도 한다.

다. 너무나 상처받기 쉬워 보였다. 아무튼 나는 정서적인 측면에서 긴밀한 관계를 유지하고 있는 수많은 도구를 소유하고 있는데, 어떤 면에선 이런 도구들은 내 몸의 연장 혹은 정체성의 확장이라고 할 수 있다.

모니터 앞에 있는 의자에 앉으니, 미겔 루비아네스라는 젊은 연구원이 내 사진을 세 장이나 찍었다. 한 장은 굉장히 기뻐하는 표정을, 다른 한 장은 화가 난 표정을, 그리고 마지막 한 장은 중립적인 표정을 지어달라고 부탁했다. 다른 사진들과는 달리 마지막 사진, 즉 중립적인 표정의 사진은 별로 수고하지 않아도 됐다.

이어서 마르틴-로에체스와 미겔 루비아네스는 내 몸에 전극을 부착하기 위해 머리를 만지기 시작했다.

"파마를 해 줄 것처럼 보이네요." 긴장감을 감추려고 별 의미도 없는 이야기를 했다.

"선생님에게 액체를 바를 거예요. 하나는 두피를 깨끗하게 만들기 위해 바르는 것이고, 다른 하나는 사실 일종의 젤인데 전기의 전도체 역할을 하는 거예요. 우리는 머리의 외부 표면에서 안쪽에 있는 뉴런의 전기적 활동을 측정하려고 한다는 것을 알고 계시면 돼요."

두피를 깨끗하게 하는 작업과 전도를 위한 조작이 어느

정도 마무리되자 두 사람은 내 머리에 목욕 모자처럼 생긴 부드러운 헬멧을 씌웠다. 모자엔 내 두개골 여기저기에 나눠 붙여야 하는 64개의 전극에 상응하는 64개의 구멍이 있었다. 이 검사 준비 과정—케이블을 통해 내 뇌의 활동을 정확하게 기록해야 했기 때문에 상당히 복잡했다—은 거의 한 시간이 걸렸다. 이어서 그들은 나에게 세 개의 단추가 있는 리모컨을 보여 줬다.

"선생님을 모니터 앞에 혼자 남겨둘 거예요. 그러면 모니터에 우리가 조금 전에 찍은 선생님 사진과 다른 두 사람의 사진이 무작위로 번갈아 나타날 거예요. 다른 두 사람 중 한 사람은 선생님 친구고요, 다른 한 사람은 모르는 사람이에요."

"내 친구가 누군데요?"

"곧 알게 될 거예요."

"친구와 모르는 사람 사진도 마찬가지로 화난 표정과 기쁜 표정 그리고 중립적인 표정을 담고 있나요?"

"네. 그런 사진들이 아무런 순서 없이 모니터에 뜰 거예요. 선생님 사진이 뜰 때마다 1번 버튼을, 친구 사진이 나타나면 2번을, 모르는 사람의 사진이 나타나면 3번을 누르면 돼요."

"알았어요. 그러니까 이 사진들이 뉴런의 활동을 불러일으키는 것이군요. 그리고 전극이 이런 활동의 데이터를 수집하면 당신들이 이를 어딘가에 기록할 거고요."

"맞았어요. 하지만 종양이 있는지 보기 위해 실시하는 임상에서 사용하는 뇌파도와는 전혀 상관이 없는 이 뇌전도의 특징 중 하나는 뉴런의 전기적 활동을 기록할 뿐만 아니라 근육 활동도 기록한다는 점이에요. 예를 들어, 눈의 근육 활동이나 아래턱을 꽉 다물었을 때의 근육 활동 같은 거요. 그래서 실험 참여자는 가만히 있어야 해요. 최소한 자극물이, 다시 말해 사진이 모니터에 제시되는 동안만이라도 움직이지 않도록 노력해야 하고, 지나치게 눈을 깜빡이지 않도록 해야 해요. 두 번에 걸친 짧은 휴식 시간을 이용해서 스트레칭도 하고 자세도 바꿔 보세요."

이 말을 마치고 그들은 방에서 나가면서 문을 닫았다. 덕분에 나는 창문도 없는 방에 혼자 남게 됐다. 분명히 근처에 머물며 내 눈앞의 기기와 연결된 다른 기기를 통해 반응을 기록하고 있을 거란 생각이 들었다. 곧바로 모니터가 켜졌고 즐거워 보이는 내 사진이 모니터에 나타났다. 이어서 화가 난 표정의 내 친구(아르수아가!) 사진이 나타났다. 그리고 계속해서 모르는 사람의 사진이 나왔는데, 어떤 표정이었는지는 잘 기억이 나지 않았다. 그리고 그때부터 사진들이 계속해서 예측하기 어렵게, 다시 말해 최소한이라도 예측 가능한 패턴이 있어야 하는데 그런 것도 없이 제멋대로 바뀌었다. 처음엔 아무런 기준이 없어 잔뜩 긴장됐다. 즉 이번엔 내 사진이 나올 것으로 기대하고 있는데, 아르수아가나 모르는 사람의 엉뚱한 표정이 나오곤 했다. 그러나 시간이 좀 지나자 60분 동안 계속된 너무나 단조로운 훈련이 되고 말았다. 나는 나와 다른 두 사람의 표정이 담긴 사진들에 대해 생각에 잠긴 동안, 사진이 빠르게 바뀔 때도 버튼을 잘못 누르지 않으려고 무척이나 애를 썼다. 아르수아가는 화가 나서 미칠 것 같은 표정(만화에서 나 나올 법한 표정이었다)을 짓고 있다는 생각이 들었는데, 옆방에서 내 표정을 사람들이 읽고 있을까 봐 머릿속에서 이런 생각을 떨치려고 무진 노력했다. 미지의 인물은 젊은이였는데(분명히 학생일 것이다) 얼굴이 기쁜 것 같기도, 슬픈 것 같기도, 무표정한 것 같기도 했다. 게다가 별로 가깝다는 생각이 들지 않아 별로 와 닿는 것이 없었다.

첫 번째 세션이 끝나고 심리적으로 상당히 지쳐 있는데, 마르틴-로에체스와 미겔 루비아네스는 아르수아가가 있는 데도 실험 중이던 내 뇌의 활동 그래프를 보여 주었다.

내 사진을 보았을 때 뇌 활동이 정점을 찍었으며 친구(아르수아가)를 보여 주면 활동이 약해졌고, 모니터에 모르는 사람이 제시될 때에는 더 약해졌다는 사실을 알 수 있었다.

"선생님도 봤듯이 선생님과 나머지 세상 사이에는 칼로 자른 듯한 경계는 없어요. 반응은 단계적으로 나타납니다. 자신을 봤을 때가 친구를 봤을 때보다 반응 강도가 강하고, 친구를 봤을 때보다 모르는 사람을 봤을 때가 반응 강도가 가장 약하죠." 마르틴-로에체스가 나에게 설명을 시작했다. "이 때문에 이 실험이 물건들을 가지고도 가능하다고 말씀드린 겁니다. 선생님에게 아주 친숙한 물건과 선생님과 조금 거리감이 있는 물건 그리고 전혀 선생님하고는 관계가 없는 물건을 제시하는 실험을 할 수도 있는 거죠. 선생님과 함께 수행한 이 연구는 집단 실험의 한 부분이 될 겁니다. 이 실험엔 또 다른 32명도 참여하고 있어요. 우리는 모든 사례의 합이 보통 사람의 평균적인 반응을 보여 주는 경우에만 각 개인의 사례에 관심을 가져요. 그렇지만 이것이 우리 가설이기도 한데, 이 그래프에서 우리는 자기 사진이 나타날 때 인지 자원을 최대한으로 사용하는 것을 볼 수 있습니다. 이런 자원의 사용은 친구들이나 모르는 사람의 사진을 마주하게 됐을 때 점차 줄어들게 돼요. 이 같은 효과를 '자기 참조 효과'라고 하는데, 영어로는 'self-reference effect'라고 합니다. 첫 번째 세션에서 보여 준 선생님의 그래프를 읽어 보면, 선생님의 뇌 활동은 표본 집단의 뇌 활동과 일치한다고 할 수 있습니다. 다시 말해 뇌 활동 패턴이 실험 대상 집단에서 관찰된 뇌 활동과 아주 유사합니다."

"그러니까 실험한 자극원에 대해 나 역시 전형적인 반응을 보였다는 것이네요." 내가 짧게 요약해서 이야기했다.

"네. 여기 이 선을 잘 보면 선생님 사진에 대한 반응이 전체 그룹 평균보다 위로 올라와 있는 것을 알 수 있습니다."

"나르시시즘의 사례라고 볼 수 있나요?" 아르수아가가 질문을 던졌다. "미야스 선생님은 몇 년째 자아에서 벗어난 삶을 살았다는데 좀 이상하네요."

"내가 보기에도 별 결과가 없었어요." 나도 인정할 수밖에 없었다.

마르틴-로에체스와 미겔 루비아네스가 웃음을 터트렸다. 나를 나르시시스트로 평가하는 것을 보고 나르시시즘에 상처를 받았다.

"친구 얼굴에 선생님이 보여 준 반응, 즉 아르수아가에 대한 반응 역시 평균보다는 높았다는 것도 말씀드리고 싶어요." 로에체스가 계속해서 말을 이어 갔다.

"내가 그를 높이 평가한다는 것을 의미하는 건가요?"

"그런 것 같아요. 아무튼 며칠 내로 뇌파 검사 결과 보고서를 받아 보실 거예요. 그러면 평균과 비교해서 선생님이 어디에 있는지 정확하게 알 수 있겠죠."

"한 가지 더 있어요." 내가 끼어들었다. "내 사진을 보았을 때 내 뇌의 특정 부위가 활성화되나요?"

"네. 두정엽 부위의 두 반구 사이 포함된 부분이죠." 로에체스는 뇌 사진 속 한 곳을 가리켰다.

"그럼 이 부분에 자아가 있나요?"

"그렇다고도 할 수 있지요."

그 대답은 나를 당황하게 만들었다. 나는 정체성과 같이 비물질적인 것이 특정 위치를 가진 물질적인 매체라는 사실이 너무 이해하기 힘들었다. 지극히 육체적이라는 사실이 말이다.

"또 다른 결론은 없나요?" 이번엔 아르수아가 물었다.

"미야스 선생님은 20대 젊은이 수준의 뇌 활동을 보여주고 있어요." 루비아네스가 대답했다.

모두 한바탕 웃음을 터트렸다. 나 역시 가식과 진솔함 사이에서 애매하게 웃었다.

**사피엔스의 의식**

"아르수아가는 그런 사실을 믿지 않을 거예요." 내가 한 마디했다.

"아뇨. 이건 진짜로 하는 말이에요." 루비아네스가 정색을 했다. "지난주 대학생 둘이 왔었는데, 반쯤 잠이 들어 있었어요. 거기에 비하면 미야스 선생님의 기록지가 훨씬 더 좋아요."

젤과 전극 접착을 위해 발랐던 것을 제거하기 위해 머리를 감고, 고생물학자와 함께 거리로 나왔다. 그는 연구소 정원에서 잠시 걸음을 멈추고 나에게 소나무 꼭대기에 있는 엄청나게 큰 아르헨티나 앵무새 무리의 둥지를 보여 줬다. 이 앵무새들은 몇 년 전부터 전국의 공원을 다 점령하고 있었다.

"이런 것을 보면 사회적인 성격을 가진 종들이 성공할 가능성이 가장 크다는 사실을 알 수 있어요. 이 앵무새들은 전국으로 퍼져 나가고 있죠. 특히 도시 환경, 예컨대 인간들이 집중적으로 모여 사는 곳으로요. 어쩌면 사회적 성격이란 점에서 가장 위대한 종인 우리 인간 옆으로 온 거죠. 그런데 시골에선 별로 잘 지내지 못해요. 그곳에선 이렇게까지 사랑을 받지 못하니까요. 이 앵무새들은 남반구에서 왔는데 처음엔 겨울에만 둥지를 틀었어요. 그런데 갑자기 태도를 바꿔 여름에 번식하기 시작했죠. 굉장히 활동적이고 크게 무리를 지어 둥지를 만들기 때문에 둥지가 몇 톤씩 되는 경우도 있어요. 이 앵무새들은 일부일처제여서 각각의 쌍들이 자기 집을 가지고 있는데, 일종의 주택단지를 형성하고 있죠. 어쩌면 지능 자체가 이런 사회적 성격을 가진 동물들의 고유한 특징이라고 할 수 있기 때문에 세상을 이렇게 정복할 수 있는 것인지 몰라요. 물론 지능만으로는 집단의 성공을 보장할 수 없어요. 이 앵무새들은 굉장히 영리한 데다 사회적이기까지 해서 쫓아내기가 정말 어려워요. 개체 하나하나는 아주 약한 존재지만 집단은 쉽게 파괴되지 않는 아주 복잡한 사회를 구성하고 있거든요. 이 앵무새들이 여기 정착할 수 있었던 이유도 잉꼬와 아르헨티나 앵무새를 비롯한 다양한 앵무새들처럼 소위 '키드 키트(kid kit)', 다시 말해 커다란 머리와 눈, 짧은 부리, 연약해 보이는 모습을 가지고 있기 때문이죠. 인간들에겐 정말 매력적인 애완동물이죠. 그래서 앵무새를 본뜬 봉제인형도 만드는 것이고요. 결과적으로 우리가 좋아하기 때문에 우리 인간들과 어울리게 된 거예요. 그리고 어린아이의 특징을 가지고 있기 때문에 우리가 좋아하게 된 것도

　　　　　　　　　사피엔스의 의식

사실이고요. 이런 이야기를 하는 것은 이번 여름에 또 다른 사회적 성격의 종인 인간을 만나러 해변에 갈 계획이라서요. 선사 시대로 여행을 갈 거예요. 해변에 가면 사람들은 사실상 옷을 벗어 던지고 가족이 되거든요."

며칠 후 '개인의 정체성 분석과 관련된 뇌 전기 생리학'이라는 제목의 뇌파 검사 결과 보고서를 받았다.

이미 그들이 나에게 이야기했던 것처럼, 처음 눈에 띈 것은 나 자신을 보았을 때 보인 나의 뇌 반응이 대다수의 사람들보다 훨씬 더 강렬했다는 점이다. 이는 내 이미지, 내 개념, 나 자신과 관련된 것 등에 훨씬 더 큰 중요성을 부여했단 사실을 보여 주는 것이었다. 나는 마음과 정신을 관리하는 요가 선생님에게 어떻게 말할까 고민하다가 그냥 말하지 않기로 했다.

친구(아르수아가)의 얼굴이 나타날 때마다 보여 준 나의 뇌 반응은 내 사진을 봤을 때와 모르는 사람의 사진을 봤을 때 보여 준 반응의 중간 정도였지만, 평균과 비교했을 땐 상당히 높은 편이었다. 이는 내가 고생물학자를 상당히 높게 평가한다는 것을 의미했다. 그런데 그는 실험을 받지 않았거나, 받았을지도 모르지만 나에게 숨겼기 때문에, 정작 아르수아가가 나를 좋게 평가하는지 아닌지는 알 수 없었다. 나는 이런 상황이 억울하단 생각이 들었다. 그러나 내가 백내장 수술을 하자 200유로나 되는 선글라스를 나에게 선물했던 것을 떠올리며 애써 그런 감정을 억누르려 노력했다. 분명 선글라스 선물은 뭔가 의미가 있다고 생각했다.

그러나 이 기록지가 밝히고 있는 것은, 한마디로 가깝다는 것은 '나'의 일부를, 혹은 '나'를 구성하는 관계망의 한 부분을 형성하는 것과 같다는 사실이었다. 다른 말로 하면, 우리 자신과 직접 관련된 것들이 지니는 비중만큼은 아니더라도, 알고 있는 사람들에 대한 기억 속에서 우리는 정보를 공유하고 있다는 것이다.

보고서는 이에 덧붙여 '나'와 관련된(부분적으로는 가족이나 친구들과 관련된) 이러한 활동은 자기 자신과 가까운 사람들에 대한 개인적인 인식과, 외부 현실을 이해하고 사회적인 세계에서의 자기 위치 결정에 중요한 역할을 하는 뇌 부위에서 비롯된다고 적고 있었다.

나는 아르수아가에게 전화를 하여 혹시 보고서를 받았는지 물어보았다.

"네. 선생님은 나르시시즘 문제가 있다는 사실을 확인했

사피엔스의 의식

어요."

"그렇지만 당신 사진을 볼 때 조금은 과장된 반응을 보였는데, 이는 당신에 대한 나의 존중을 반영하는 것이기도 해요."

"물론 잘 알고 있어요." 간단하게 대답하고 넘어갔다.

"그런데 왜 당신은 뇌파 검사를 받지 않았죠?"

"내가 받지 않았다고 누가 그랬어요?"

"그렇다면 나르시시즘과 관련하여 어떤 결과가 나왔나요?"

"하하. 그건 굉장히 개인적인 정보예요."

# 누구도 완벽하진 않다

인간의 뇌는 대략 1.5킬로그램으로, 베레모에 딱 들어갈 정도의 크기다. 두께는 부위에 따라 다르지만, 가장 두꺼운 부분도 밀리미터 단위로 측정할 수 있다. 그러나 피질에서 가장 깊숙한 쪽으로 내려가는 것은, 바다의 심해를 탐험하는 것만큼이나 위험할 뿐만 아니라 놀라운 일이다. 생긴 것으로 보면 중간 크기나 작은 크기의 밀가루 빵을 연상시키는데, 사실 상당히 먹음직스럽게 생겼다는 것 또한 사실이다. 우리 인간은 식인 풍습이 남아 있던 얼마 전까지만 해도 그것을 먹었다. 여전히 우리 식단에 들어 있는 밀가루나 달걀을 입힌 양의 뇌는 단백질과 비타민, 특히 B5가 풍부하여, 스트레스와 편두통을 억제하고 콜레스테롤을 줄이는 데 효과적이라고 이야기한다.

뇌는 별것 아닌 것처럼 보이지만, 이해를 돕기 위해 조금 돌려 이야기하자면, 러시아 정도의 크기를 가진 나라만큼이나 복잡하다. 뇌는 복잡한 외형을 보이는데, 다양한 인지 기능, 시각, 청각, 촉각, 언어 능력 활용 과정 등에 특화된 여러 부위 그리고 하위 부위로 꽉 채워져 있다. 여기에 계획 수립, 움직임의 실행, 추상적 사고, 기억, 감정 등과 관련된 부위 또한 존재한다. 다시 말해 엄청난 관료들과 엄청난 부서들, 엄청난 서류 작업 등이 넘쳐 나는 곳이다. 문고판 책에서 이 기관을 설명하려면 실제 머릿속에서 뇌가 차지하는 물리적 공간보다 더 많은 공간을 차지할 것이다.

최근엔 뇌에 관심 있는 사람들을 위해 분해가 가능한 다양한 크기의 플라스틱 뇌가 적당한 가격에 인터넷에 나와 있다. 나도 알록달록하게 색칠된 것을 하나 사서 아이들처럼 이 장난감 뇌를 분해했다가 다시 결합하길 반복하며 놀았다. 사실 아이들은 장난감을 부쉈다가 다시 조립하기를 반복하는데, 부모들은 이런 활동이 아이들 처지에서는 세상을 이해하기 위해 은유적으로 세상을 만들기도 하고 해체하기도 하는 것이란 사실을 전혀 모르고 있다. 나는 뇌를 (세상 역시 마찬가지로) 이해할 수 없었다. 그래서 언제나처럼 7월이면 아타푸에르카에 있던 아르수아가에게 줌으로 화상 회의를 하자고 문자를 보냈다. 우리는 결국 오후가 마무리되는 시간에 연결이 됐다. 고생물학자는 현장에서 돌아온 직후였다. 몇 시간씩이나 동굴 내부에서 웅크리고 있었던 터라 무릎이 쑤신다고 했다. 여기저기 힘든 것 같았고 지저분하기도 했지만, 비교적 행복해 보였다.

"아직 씻지도 못했어요." 지저분한 몰골에 대해 변명을 했다. "그런데 무슨 일이에요?"

"아무 일도 아니에요. 당신이 뇌에 관해 이야기했던 것 중에서 뭔가 좀 께름칙했던 내용을 적어 두었던 메모를 몇 장 잃어버렸는데, 보이지가 않네요."

"내가 뭐라고 했었는데요?"

"뇌가 어두운 방에 살고 있다는 것과 비슷한 내용이었어요."

아르수아가는 얼굴을 모니터 가까이에 들이댔다. 턱수염을 사나흘 정도 깎지 못한 것 같았다. 어디에서 줌에 접속했는지 장소를 도저히 알아볼 수 없었다. 그러나 아무 장식도 없는 맨 벽에 희미한 조명, 수도사의 방이나 감옥처럼 뭔가 금욕적인 느낌 때문에 대충 감을 잡을 수 있었

사피엔스의 의식

다. 나는 아스투리아스에 있는 우리 집 테라스에서 식물들에 둘러싸여 이야기를 나누고 있었다.

"잠깐만요." 갑자기 그가 화면에서 사라졌다.

기침 소리와 문소리가 들렸는데, 뭔가 급한 대화를 나누는 것 같았다. 그가 누군가에게 "성가신 미야스 선생이야. 그렇지만 금방 끊을 거야"라고 이야기하는 것 같았다. 30초쯤 지나자 다시 얼굴이 모니터에 나타났다.

"적어 보세요." 뭔가 서두르는 듯한 말투였다. "우리 인간의 존재에 관한 것, 느끼는 것, 생각하는 것 등은 뇌의 반구에, 좀 더 구체적으로 이야기하면 뇌의 신피질의 활동과 관련이 있어요. 여기에 대해선 예전에 한 번 이야기했어요."

"괜찮아요. 신피질에 대해 뭔가 새로운 것이 있으면 이야기해 보세요." 나는 대화의 속도를 좀 늦추려고 했다.

"포유류만이 가지고 있는 신경 조직인데요." 그런데 그는 오히려 속도를 높였다. "그래서 모든 포유류는 상당히 닮은 점이 많아요. 뭔가를 느낄 줄 알고, 그래서 정신이 있다고 생각하는 것이 어쩌면 합리적일 수도 있어요. 그렇다고 모든 포유류가 우리처럼 잘 발달한 신피질을 가지고 있는 것은 아니에요. 파충류는 고피질밖엔 없어요. 우리는 신피질이 없는 것이 어떤 것인지 잘 모르기 때문에 악어가 무엇을 생각하는지 알 수 없어요."

"방금 당신이 모든 포유류는 정신이 있다고 이야기했어요." 내가 얼른 끼어들었다. "그런데 여기에서 당신이 사용한 정신이라는 단어는 뇌와 동의어가 아니라, 오히려 뭔가 좀 다른 것을 가리키는 것 같아요. 뇌가 정신의 생물학적 의미에서의 지지대일 수는 있지만요. 어떻게 일련의 전기 화학 반응이 갑작스럽게 불안감을 유발할 수 있는지 이해가 되지 않기 때문에 이것을 고집스레 이야기하는 거예요. 예를 들자면요. 다시 말해 만질 수 있는 것, 즉 뉴런에서 만질 수 없는 감정으로의 도약이 어떻게 일어나는지 이해가 되지 않아요. 연구해 본 것이 조금 있는데요, 정신을 '뇌의 창발성'으로 정의하는 사람이 있다는 것을 알게 됐어요. 적당한 문구 같기도 한데, 명확하게 설명은 못하는 것 같아요."

고생물학자는 콧방귀를 뀌고는 자리에서 다시 일어났다. 이번에도 다시 문을 열더니 몇 마디하고 다시 모니터 앞으로 왔다.

"'창발성'이라는 것은 우리와 같은 과학자들이 이해하지 못하는 것에 관해 이야기하는 것을 피하려 할 때 사용하는 방식이에요."

"이해하지 못한다고 말하는 것이 어때서요?"

"누구도 완벽하진 않거든요. 생각해 보세요. 시스템이라고 하는 것은 부분을 합한 것 이상이에요. 바로 이것이 창발론 혹은 창발성이라고 알려진 것이죠. 시스템의 구성 요소들이 일정 정도의 복잡성에 도달하여 상호 작용하면 하나하나 분리되어 있을 때는 없던 속성이 나올 수 있어요. 좀 더 부연한다면, 구성 요소 중 그 무엇도 가지고 있지 않아서 시스템을 구성하고 있는 각각의 요소들을 통해선 추론할 수 없는 속성이 나올 수 있다는 거예요."

"예를 하나만 들어봐 주세요."

"생명이 바로 좋은 예죠. 세포는 세포를 구성하고 있는 각각의 분자가 지닌 속성 이상의 속성을 가지고 있어요. 시스템의 복잡성이 만든 비약에서 새로운 속성이 나타나게 되는 것이죠. 이런 의미에서 일련의 전기 화학적 반응의 결과물이라고도 할 수 있는, 정신 곧 마음은 이런 반응을 뛰어넘는 것이라고들 해요. 바로 여기에 창발성이 있는 거예요. 그렇지만 이것은 아무것도 명확하게 해 주지 못할 뿐만 아니라 예기치 않은 불안감을 설명해 주지도 못해요."

"맞아요."

"마음이라는 개념은 다의적이에요. 외부 세계에 대한 특정한 모델을 만들 수 있는 능력을 의미하기도 해요. 세상에 대한 개인적인 혹은 개별적인 전망을 가리킬 수도 있고요. '내 마음은 이렇게 이야기하는데'라고 말할 때처럼요. 그렇지만 마음은 감정을 경험할 수 있는 능력, 즉 감각성을 의미하기도 해요."

"그럼 감정은 어떻게 해서 만들어지죠?" 나는 끈질기게 물어보았다.

"나도 몰라요! 고통, 쾌락, 번민, 두려움, 분노, 좌절감, 슬픔 등과 같은 주관적 경험이 어떻게 만들어지는지는 모르고 있어요. 나만 모르는 것이 아니라 아무도 몰라요!"

모른다는 것을 나열하는 그의 목소리 톤을 보니 짜증이 나기 시작하는 것 같았다. 그러나 나는 내 문제만 계속 밀고 나갔다. 사실 나도 뇌/마음(정신)이라는 이원론 때문에 미칠 지경이었다.

"이것이 적응 기제*일 수는 없나요? 만일 우리가 열을 느끼지 못한다면 화기에서 손을 떼지 않을 텐데요."

---

* 개인이 스트레스나 갈등, 불안과 같은 심리적 압박에 직면했을 때, 이를 완화하고 극복하기 위해 무의식적으로 사용하는 심리 전략이나 행동 방식을 의미한다.

사피엔스의 의식

"그것도 명확하진 않아요. 추위를 느낄 수 있어 좋다고 들 이야기해요. 그래야 몸을 따뜻하게 할 테니까요. 그러나 우리 집의 온도 조절 장치는 온도가 내려가면 알아서 난방을 켜 줘요. 온도 조절 장치가 추위라는 감각을 느끼지 않아도 말이에요. 그리고 내 핸드폰은 배터리가 떨어지면 충전해 달라고 나에게 알려 주죠. 그렇다고 내 핸드폰이 배가 고픈 것이 뭔지 아는 것은 아니거든요. 다시 말해 기계는 실제로 경험을 하지 않고서도 주관적인 경험을 가지고 있는 것처럼 행동해요. 우리 인간은 왜 경험이란 것을 갖게 됐을까요? 실질적인 효용성은 뭘까요? 생각해 본 적이 없어요. 우리가 아는 것이라고는, 감정과 관련된 뇌의 부위들이 진화 측면에서 이야기했을 때, 아주 오래된 부위라는 점이에요. 그래서 우리 파충류 조상들도 이런 부위를 가졌을 거라고 생각할 수 있어요. 미야스 선생님, 선생님도 내면에 숨어 있는 악어의 손아귀에 있는 겁니다. 다음에 화가 날 때는 그 점을 꼭 기억하세요. 갑자기 얼굴을 붉히는 것은 선생님이 아니라 악어라는 점을요."

"당신은 너무 화를 잘 내는 경향이 있다는 것을 기억해 두는 것이 좋겠어요." 내가 지적했다.

"자의식은 언제 생긴 걸까요?" 그는 안색 하나 변하지 않은 채 계속 말을 이어 갔다. "결국은 나에게 묻고 싶었던 게 이거 아닌가요?"

"내가 감정이 어떻게 생겨났는지 물었는데, 이 질문과 똑같은 것 아닌가요? 그리고 여기에 대해선 아는 바가 없다고 했잖아요. 그렇지만 언젠지 한번 말해 보세요."

"바로 그것이 우리가 직면한 미스터리예요."

"또 다른 엄청난 미스터리를 말씀하고 싶은 거군요. 오늘 두 번째 미스터리예요."

"맞아요. 하지만 이 부분은 내가 '각성'이라고 부르는 것인데, 나중에 따로 이야기해 보죠. 이젠 나는 그만 나가야겠어요."

"잠깐만 기다려요! 우리가 대화를 시작한 것은 뇌가 자리 잡은 검은 상자에 대해 나에게 이야기했던 것을 적어 놨던 메모를 잃어버렸기 때문인데요."

고생물학자는 뒤쪽을 돌아보았다. 아마 그쪽에 문이 있는 것 같았다. 일어나야 할지 말지를 놓고 망설이고 있는 것처럼 보였다. 마침내 내 쪽을 바라보았다.

"알았어요. 잘 적어놓으세요. 다시는 메모장을 잃어버리지 말고요. 뇌는 두개골이라는 검은 상자 안에 갇혀 있어요. 검다고 한 것은 빛이 들어오지 않기 때문인데, 물론 아무 소리도 들리지 않아요. 뇌는 아무 소리도 들을 수 없고, 아무것도 볼 수 없으며, 냄새도 맡을 수 없어요. 만질 수도 없고 맛볼 수도 없죠. 영미권의 신경철학자들은 널리 알려진 사고 실험을 지칭하기 위해 이를 '플라스크 혹은 네모난 그릇에 들어 있는 뇌'라는 의미에서 'brain in a vat'라고 불러요."

"그것은 어떤 실험인데요?"

"우리가 뇌를 가져다가 뇌척수액이 담긴 용기에 집어넣은 다음, 두개골 안에서의 조건과 똑같은 조건을 유지할 수 있도록 혈액 순환 회로에 연결했다고 상상해 보세요. 무슨 일이 일어날까요?"

"모르겠네요. 무슨 일이 일어나죠?"

"그 뇌에 연결된 컴퓨터를 통해 뇌에 어떤 종류의 자극을 보낸다면…"

"애매하게 이야기하지 말고 구체적으로 이야기해 보세요."

"예를 들어, 뇌의 주인이 농구를 하고 있다고 믿게 만드는 거예요. 이 경우 뇌는 마치 농구를 하는 것처럼 움직일 거예요. 완전하게 환상에 가까운 현실에서 움직이고 있다고 믿을 겁니다. 이야기했듯이, 이것은 사고 실험이에요(아직 실행된 적은 없어요). 현실이라는 개념에 대해 의문을 제기하기 위해, 그리고 우리가 현실로 받아들이고 있는 경험이 실제로는 신기루에 지나지 않는지 한 번쯤 의문을 가져 보기 위한 것이죠."

"좋아요. 그렇지만 당신은 우려가 되는 이야기를 했어요. 뇌는 완전히 밀폐된 상자, 즉 두개골에 갇혀 있다고 했는데, 이것이 현실로부터 뇌를 완벽하게 떼어 놓고 있다고요. 아무것도 듣지 못하고, 아무 냄새도 맡지 못하고, 아무것도 만지지 못하고, 아무것도 맛보지 못하죠. 그렇다면 이런 것을 어떻게 이해할 수 있죠?"

"모든 외부로부터의 정보는 감각 기관에서 나온 종말 신경을 통해 뇌에 전달돼요. 그리고 이 정보를 바탕으로 뇌는 외부 세계를 복제해요. 다시 말해 모델, 모형, 혹은 표상이라고 할 수 있는 것을 구축하게 되는 겁니다. 한마디로 어느 정도 크기의 사물인지를 규정하고, 사물들 사이의 공간적 관계를 유지하는 것이죠."

"그렇다면 외부 세계는 우리가 상상하는 것과는 다를 수도 있겠네요?"

"물론이죠. 왜냐하면 우리는 현실에 대해선 거시적인 시각을 가지고 있거든요. 예를 들어, 우리는 지구의 자기장을 감지할 수 없어요. 그런데 어떤 철새들은 자기장을 감지하죠. 그리고 박쥐처럼 초음파를 방출하여 어둠 속을 움직일 수도 없고, 곤충들처럼 자외선을 볼 수도 없어요."

"그렇다고 우리가 문설주에 부딪히거나 들녘의 나무에 걸려 넘어지진 않잖아요. 웅덩이에 빠지지도 않고요."

"맞아요. 세상을 재현한 것이 절대로 나빠선 안 되죠. 지금 현재의 우리가 될 때까지 우리도 진화해 왔으니까요. 우리 인간의 모형이 모든 것을 잘 표현하고 있다고는 할 수 없지만, 생존에 필수적인 것 정도는 담고 있죠. 모든 종은 외부 세계에 대해 단편적이고 부분적이지만 아주 정확한 모형을 가지고 있다고 할 수 있어요."

"바로 그런 단편적이고 부분적인 시각이 우리를 무지에 묶어 놓고 있는 것이네요."

"그러나 이런 시각이 외부에 무엇이 있는지 우리는 알 수 없다는 회의론자들의 모든 이론을 몰아낸 것이기도 해요. 우리는 이 사실을 분명하게 알고 있어요. 반대의 경우엔 회의론자들의 이론이 우리를 집어삼킬 거예요."

"누가요?"

"누구든지요. 예를 들어, 사자는 실제로 존재하기 때문에 사자는 뇌 밖에, 즉 두개골 상자 바깥쪽에 존재한다고 말할 수 있어요. 다른 말로 하면 뇌가 아무리 고립되어 있어도 외부 세계가 어떻게 생겼는지는 잘 이해할 수 있어요. 마지막으로 나는 이제 샤워를 하러 가야 해요. 우리 신피질에 도착한 모든 감각 정보는 맨해튼의 그랜드 센트럴역과 같은 시상을 통과하게 되죠. 예외가 하나 있어요. 후각 섬유는 신피질로 가지 않고, 파충류에서와 마찬가지로 여전히 고피질로, 그리고 편도체로 가고 있어요. 프루스트의 마들렌을 이야기했을 때 나눈 내용을 떠올려 보세요."

"기억하고 있어요."

"그럼 다음에 봐요." 그가 결론을 맺으며 줌을 끊었다.

나는 플라스틱 뇌를 들어 달걀 모양을 한 시상 조각을 찾아봤다. 아르수아가 말이 맞았다. 크기도 그렇지만 뇌의 한복판이라는 전략적인 위치를 차지하고 있었다. 이것은 센트럴 역이나 버스 환승역과 충분히 비교할 만했다.

# 지나친 의미 부여의 공세

7월 중순, 고생물학자는 아타푸에르카 유적지를 떠나 과학의 대중화를 위해 여름 계절 학기가 열리고 있는 산탄데르의 메넨데스 펠라요 국제 대학교로 나를 만나러 왔다. 학생들을 만나 우리가 하려고 했던 일이 과학의 대중화만은 아니었다는 사실을 설명하려 했지만, 별로 성공한 것 같진 않았다. 우리는 해변으로, 즉 그곳에 있는 사르디네로 해변으로 도망쳤다. 사실 우리는 대학 본부가 있는 막달레나 궁에서부터 수영복을 입고 나갔지만, 모래사장으로 연결된 첫 번째 계단에 다다를 때까지 가벼운 산책을 했다.

칸타브리아 지방의 눈부시게 맑은 날들은 햇살이 다른

곳보다 두 배는 더 강렬했다. 그런데도 그만 선글라스를 깜빡 잊고 나온 탓에 늦은 아침의 작열하는 태양 때문에 백내장 수술을 받은 지 얼마 되지 않은 나는 굉장히 힘들었다. 아르수아가는 내가 불편해하는 것을 눈치채고 나에게 자기 선글라스를 건네줬고, 나는 선뜻 받았다. 그 결과 고생물학자와 나 사이에선 선글라스와 시선의 교환이 이루어졌고, 나는 이것이 지닌 상징적인 의미를 인식하지 않을 수 없었다.

우리는 금세 해안에 도착했고, 발목까지 물이 차오른 해안을 따라 걷기 시작했다. 조용한 바다엔 녹색 깃발이 넘실대고 있었다. 물도 따뜻한 편이어서 수영을 즐기고 있는 사람이 적지 않았다. 선글라스의 렌즈는 풍경에 옅은 노란색 톤을 더했는데, 상상(나만의 상상일 수도 있다) 속의 핵폭발 이후 허공에 맴돌 것 같은 색이었다. 눈과 실제 현실 사이에 단순히 필터 하나를 넣었을 뿐인데, 모든 것을 다른 것으로 바꿔 버린다는 사실이 너무나 신기했다. 물론 나는 나였지만, 내가 어쩐지 낯설게만 느껴지게 만드는 뭔가가 있었다. 아마 이런 묘한 모습에 해변 분위기가 환상적인 성격을 띠었을 것이다.

문득 내가 '지나친 의미 부여'의 공세를 받고 있음을 깨

사피엔스의 의식

달았다. 이것은 우리를 둘러싸고 있는 모든 것을 또렷하게 인식하는 그런 상황을 가리키는 말이다. 나는 물에서 어린 아들과 놀고 있는 젊은 엄마를 눈여겨봤다. 나는 그들의 동작 하나하나를 볼 수 있었고, 겉으로 보이는 움직임 뒤에 숨은, 눈에는 잘 보이지 않는 기하학적인 것까지도 볼 수 있었다. 그녀가 머리를 흔들었을 때 머리카락이 그리는 궤적과 삼단 같은 머리카락에서 튕겨 나오는 물방울까지도 똑똑히 식별할 수 있었다. 그녀의 몸짓과, 동시에 웃음소리에 맞춰 마구 흔들어대는 팔다리의 역학에 대한 내부 메커니즘까지 인지했다고 할 것이다.

그리고 내 피부 1제곱센티미터마다 자극을 주고 있는 산들바람, 물과 모래의 접촉 등, 청각과 후각 심지어는 미각을 통해 나에게 전해 오는 자극들이 분명히 의식됐다. 공기 중엔 분명히 바다의 소금기가 담겨 있었기 때문이다. 우리가 사용할 수 있는 몇 안 되는 감각들이 잠재력을 100퍼센트 발휘했고, 각각의 감각들이 동시에 다른 감각들과 나누고 있는 조화가 마치 교향악단에서 함께 연주하고 있는 악기 사이의 관계를 연상케 했다. 이 모든 장면이 두개골과 보호막으로 세상과 분리된 우리가 뇌라고 부르는 작은 기관 안에서 구현되고 있다는 것을 떠올리자, 갑자기

나 역시 상상 속의 객체일 수밖에 없는 환상의 세계에 존재하고 있다는 생각이 들었다.

"뭔가 다른 생각을 하는 것 같네요." 고생물학자가 이야기했다.

"뇌가 아무리 감각 기관을 통해 외부 세계와 활발하게 연결된다고 해도, 검은 상자에 갇힌, 살아 있는 거울과 같은 것일 뿐이라고 당신이 이야기한 후부터는 현실과 나 자신을 달리 생각하게 됐어요. 우리를 둘러싼 모든 것에 뭔가 모를 섬망이 있는 것처럼요."

아르수아가가 아이러니한 표정으로 나를 바라봤다.

"선글라스 때문이에요. 렌즈에 색이 들어 있거든요."

"그럴지도 모르지요." 나도 고개를 끄덕였다.

"그러면 지금부턴 주변을 주목해 보세요. 모든 사람이 존중해야 하는 영역을 드러내고 있는 비치 파라솔과 수건이 보이죠? 예전에 이야기했듯이, 도시 중에선 해변이 그래도 선사 시대에 가장 가까운 곳이에요. 고립된 채 지내는 사람도 있지만, 일반적으로 해변엔 무리를 지어서 오죠. 아이들 역시 다른 곳에선 언제나 입고 있을 수밖에 없는, 교육 시스템이라는 일종의 코르셋에서 벗어나 야생 상태가 된 듯한 느낌을 받기 때문에, 마음껏 소리를 지르며 뛰어다니고요. 덕분에 어른들은 푹 쉴 수 있죠. 아무튼 이 곳은 인간을 관찰하기엔 최고의 장소예요. 물에 들어갔다 나왔다를 반복하는 저 육체들을 보세요. 어떤 사람들은 신이나 여신처럼 보이기도 하죠. 우리를 향해 다가오는 저 남자는 나이에도 불구하고 신 같아요. 가슴 근육을 좀 보세요. 관리를 정말 잘하고 있다는 것을 느낄 수 있어요."

"맞아요." 서글프긴 했지만 인정할 수밖에 없었다. 정말이지 나와는 달랐다.

"모든 것은 우리가 두 발로 서 있는 네발 동물이라는 사실에서 비롯되죠. 우리는 언젠가 침팬지 암컷은 배란기가 되어 수컷을 받아들일 때는 특정한 신호, 즉 항문과 성기 주변이 붉게 부풀어 오르는 등의 신호를 통해 외부 세계에 이를 알린다는 사실을 이야기한 적이 있어요. 다시 말해 배란이 되고 있고 준비가 끝났다는 것을 의미하는 신호를 말이에요."

"그것과 후각적인 분비물을 통해서요."

"그럴 수도 있죠. 그러나 침팬지는 냄새를 잘 맡지 못해요. 고등 영장류는 대부분이 후각보다는 시각이 발달해 있어요. 후각이 전혀 없다는 것은 아니지만, 그렇다고 후각이 강하진 않아요. 새들 역시 후각이 발달하지 않았죠. 새들은 시각과 청각에 강해요. 새들은 영장류와 마찬가지로 노래와 색을 통해 소통하죠."

"맞아요." 나는 눈과 귀로 들어오는 모든 것에 특별히 주의를 기울이며 동의를 표했다. 지나친 의미 부여의 맹공이 끊이질 않았다.

"여기에 차이가 있어요. 무슨 차이인지 한번 추측해 보세요."

"잘 모르겠는데요."

"우리는 어떤 여자가 배란 중인지 알 수 없어요. 외부적으로 이를 밝히는 징후가 없기 때문에 알 방법이 없죠. 수컷 침팬지에겐 이것이 정말 놀라운 일이었을 거예요. '어떻게 발정기의 암컷이 하나도 없을 수가 있지?' 발정기임을 밝히는 신체적 변화를 보이는 암컷이 하나도 없으면 이렇게 물을 수도 있을 거예요. 수컷 침팬지는 가슴이 부풀어 있는 암컷들을 보고 모두 수유 중이라고 생각했을 거예요.

"젖을 주는 사람과 젖을 빠는 사람 모두 '수유'라는 단어를 똑같이 사용하나요?"

"그것은 나중에 사전을 한번 찾아보세요. 자연 상태에서 수유 중일 때는 배란을 하지 않아요. 임신 기간에 수유 기간을 더해 발정기에서 다음 발정기까진 대략 4년 정도

사피엔스의 의식

의 시차가 있어요. 침팬지의 경우 출산은 최대 5년에 한 번이에요. 우리 인간이 다른 유인원들에 비해 가지는 장점이 있다면 그것은 우리 조상들이 좀 더 자주 출산을 했다는 점을 들 수 있을 거예요. 다시 말해 자식을 더 많이 낳았다는 거죠."

나는 '수유는 배란 억제제와 같다'라고 적었다.

"서양 여성은 수유를 하는 중에도 임신을 할 수 있어요.* 정상은 아니지만요. 서양 여성들이 이용할 수 있는 음식이 사실상 무제한이기 때문이죠. 그러나 자연에선 그렇지 못해요. 자연 상태에서 수유를 하는 경우엔 배란을 하지 못하는 것은 두 가지 일을 다 하기엔 에너지가 부족하기 때문이에요. 우리 인간의 첫 번째 특징은 배란이 겉으로 드러나지 않는다는 것이에요. 다시 말해 감춰져 있어요. 생리가 계속되는 동안에도 여성은 계속해서 성생활을 할 수 있다고 해요."

"언제 배란이 될지 모르니까 언제 임신할 준비가 되어

---

\* 이 언급은 다소 논쟁적이다. 임신 가능성과 수유 중 배란 재개는 인종이나 문화권이 아니라 생리적 조건이나 생활환경에 따라 달라지기 때문이다.

있는지 역시 알 수 없잖아요?"

"생리를 한 다음 생리와 생리 사이에 일정한 주기가 있어요. 그러나 우리는 주기 안에서 언제 배란을 하는가를 정확하게 알 수는 없어요. 우리는 여기에 대해 전혀 알 수 없어요. 여자들 역시 마찬가지예요."

"그렇지만 대략 28일에 한 번 생리를 하잖아요."

"그렇게 규칙적이면 쉽게 임신을 피할 수 있겠죠. 그러나 오기노법*은 놀이 공원에서 공기총을 쏘는 것보다 실패할 확률이 더 높아요."

"하긴 세상엔 오기노의 자식들로 가득 차 있죠. 나도 분명히 그중 한 사람일 거예요." 나도 한마디 덧붙였다.

"그러니까 여성은 생리와 생리 사이에 임신을 하게 될 가능성이 있어요. 이 기간 중에 언제가 그날인지 쉽게 알 수는 없죠. 임신하고 싶은데 성공하지 못한 여자는 언제가 가장 임신 확률이 높은지 보기 위해 체온을 측정하는 등의 보조적인 방법을 사용해요. 그러나 배란일을 정확하게 알 아낼 수 있는 믿을 만한 방법이 있다면 피임은 무의미해질

---

\* 　일본의 산부인과 의사인 오기노 규사쿠가 제안한 생리 주기에 따른 배란일 계산법.

거예요. 다시 말해 확률의 문제죠. 매달 로또 복권을 산다면 언젠가는 당첨이 될 수도 있겠죠."

"그럴까요?" 나는 대화의 속도를 높이기 위해 이렇게 이야기했다. 나는 그가 이런 이야기를 통해 어디로 나아가고 싶은지 확실히는 알 수 없었다. 게다가 녹음기를 잃어버려 수첩에 볼펜으로 메모해야만 했기 때문에 누군가가 우리 근처에 오가며 물을 튀길 때마다 수첩엔 여기저기 물방울 자국이 남았다.

"첫 번째 정보는 여기에서 누가 배란 중인가를 모른다는 사실이에요."

"그럴 필요가 없죠."

"이것은 우리의 사회 생물학과 관련해서 봐야 해요."고 생물학자는 말을 이어 갔다. "침팬지의 암컷은 우리 인간 여자들과는 달리 가슴이 튀어나오지 않았어요. 젖을 줄 때만 약간 크기가 커지지요."

"그래서 해변이 수유하는 여자들을 위한 공간이라는 것이군요. 그런데 사람들은 당신과 내가 여기에서 도대체 뭘 하고 있는지 궁금해할 것 같군요."

"사실 우리 옆을 지나며 선생님이 수첩에 뭔가를 적는 것을 본 사람들이면 누구나 궁금해하겠죠. 해변에서 한 사람은 메모하고 있고 다른 사람은 그것을 지켜보고 있는 모습이 일반적이진 않으니까요. 녹음기가 있으면 훨씬 나았을 텐데."

"잊어버렸어요. 내가 어떻게 했으면 좋겠어요?"

"그러니까 녹음기도 잊고, 선글라스도 잊고⋯ 다시 돌아갑시다. 우린 사회 생물학 이야기를 하고 있었어요. 여자들은 함께 아이를 만들 수 있는 배우자가 있기에 배란 중이라는 사실을 알릴 필요가 없어요. 반대로 침팬지는 성적으로 매우 난잡해요. 발정기가 되면 여러 수컷과 하루에 30회도 넘게 교미를 할 수 있어요. 물론 무리를 지어 사는 경우 그렇게 많은 수컷과 교미를 하진 않아요. 내가 이야기하고 싶은 것은 무리 안에 있는 성적으로 성숙한 모든 수컷과 교미할 수 있다는 거예요. 그래서 받아들일 준비가 되었다는 것을 알릴 필요가 있는 것이죠. 하지만 '난잡하다'라는 표현은 사용하고 싶지 않아요. 이것은 도덕성에서 나온 단어인데 언뜻 들으면 침팬지를 비난하는 것 같아서요."

"정치적으론 올바르지 않죠." 나도 동의했다.

"우리에게 배란 중이란 사실을 알리는 것이 여자들에겐 어떤 이익이 있을까요?" 아르수아가는 물에서 나오는 여자를 가리키며 나에게 물었다.

사피엔스의 의식

"당신이나 나에게 알려줘 봤자 아무 이익도 없죠. 게다가 최근까지 이어진 전통에 비춰 본다면 이런 문제들은 전부 사생활의 영역으로 밀려났었어요. 예전엔 검열을 심하게 받은 셈이죠. 오랫동안 사무실에서 일했지만, 자신이 생리 중이라고 말하는 여자를 본 적이 없어요. 그렇지만 지금은 국회에서도 생리에 대해서 거리낌 없이 이야기하죠."

"생리는 선진국에서만 볼 수 있는 현상이에요. 피임법이 없는 사회에선 임신은 곧바로 또 다른 임신과 연결되죠. 임신 중에는 당연히 배란을 하지 않아요. 그리고 출산한 다음엔 다시 3년 정도 수유기로 넘어가요. 조금 전에 이야기했듯이 수유가 배란을 억제하기 때문에 배란도 하지 않지요. 그러면 생리와 임신 그리고 수유라는 하나의 주기가 한 바퀴 돌고 난 다음에야 다시 임신하고 생리도 하지 않게 되지요. 이것은 잘 생각해 보면 상당한 의미가 있어요."

"상상도 못했어요."

"이것은 선진국에서만 볼 수 있는 현상이에요. 그리고 비교적 근대적인 현상이죠. 얼마 전까지만 해도 제1세계에서도 10명에서 12명의 아이를 가졌으니까요."

"주님께서 보내 주신 아이라고 부모님은 말씀하셨죠. 오기노가 보냈다는 사실을 모르고 말이에요."

"몇 형제나 되는데요?"

"아홉 형제예요. 내 기억으로는 두 명인가 세 명인가 정확하게는 모르겠지만 어머니도 유산한 적이 있어요. 물론 자연 유산이긴 했지만요."

"선생님에게 말씀드린 것이 바로 그거예요. 10명이나 12명의 아이가 있는 여자는 기껏해야 12회의 주기밖엔 가질 수 없어요. 이것을 메모해 두세요. 암과 배란 횟수 사이에 상관관계가 있는 것 같기 때문이에요. 미국에서 가장 신망이 높은 유방암 병원을 운영하는 스페인 출신의 의사가 나에게 들려준 이야기예요. 50년대 여성들의 유방암 발생률을 비교한 논문이 있었어요. 다자녀를 둔 아이오와주의 전통적인 농촌 여자들과 한 번도 임신한 적이 없는 여자들을 비교했는데, 통계적으로 봤을 때 후자의 경우가 암 발생률이 더 높았어요. 이는 수녀들에게서 똑같이 나타났는데, 이는 분명히 가설과도 일치해요."

그 순간 전혀 어울리지 않게 엄청난 굉음의 전투기 두 대가 하늘을 가로질러 날아왔다.

"끊임없이 배란한다는 것이 부자연스러운 현상이라는 거죠?" 내가 질문을 던졌다.

사피엔스의 의식

"여성사에선 비교적 최근에야 나타난 현상이라고 할 수 있죠. 각각의 주기에 많은 호르몬이 관여하고 있어요. 신체는 엄청나게 동요하게 되죠."

"그래서 불쌍한 어머니께서 출산과 수유에 평생을 바치고 암으로 돌아가신 거군요."

"그건 상관이 없어요. 우리는 너무 길을 벗어난 것 같아요. 이족 보행 자세를 할 때, 다시 말해 두 발로 서게 되면 성별이 뭔지 사람들에게 노출하게 된다고 이야기했어요."

"그래서 거세라는 개념이 나온 것이죠."

"왜요?"

"인간은 지나치게 튀어나온 것은 무엇이든 다 잘라버리는 습성이 있거든요."

"과학적인 이야기는 아니에요."

걸어가는 동안 바닷물이 밀려와 물가를 벗어나지 않았음에도 해변에 있던 사람들에게 점점 더 가까이 다가갈 수밖에 없었다. 나는 상상의 나래를 편 끝에 해안이 움직일 수 있다는, 아니 모든 것이 그럴 수 있다는 생각이 들었다.

"우리는 일어서자마자 우리 성을 드러내게 되었어요."
아르수아가는 말을 이어 갔다.

"어느 모로 보나 그것을 드러낸 것은 맞죠. 그래서 누드에 대해 우리가 그렇게까지 불편하게 생각할 거예요." 내가 한마디 덧붙였다.

"말이 두 발로 걷는다고 상상해 보세요." 그가 다시 한번 강조했다. "모든 걸 드러내 놓고 말이에요. 정말 이상할 거예요. 우리 인간은 정말 독특한 종이에요. 그리스 조각가들은 자기 작품에 어린애의 성기와 작은 음낭을 조각해서 이 문제를 해결했어요. 대표적으로 작은 성기를 가진 조각상은 아폴로 상이에요. 반대로 디오니소스 상은 눈에 확 띨 정도로 발기한 남근을 가지고 있어요. 완전히 양극단을 오가고 있어요. 조화와 균형, 그리고 질서와 아름다움을 보여 주고 싶을 때는 작은 남근을 사용하죠. 반면에 무질서와 혼란, 난잡함과 환희, 혹은 음악을 보여 주고 싶을 때는 발기한 성기를 사용하고요."

"문제는 우리 인간이 성기를 드러내 놓고 돌아다니는 종이라는 것이네요."

"인간의 성기는 침팬지나 고릴라의 성기에 비해 길지 않아요. 길이는 별로 눈에 띌 만한 특징이 없지만, 두께는 상당히 있는 편이에요. 귀두도 상당히 큰 편이죠. 왜일까요? 달리는데 장애가 되지 않아서 그런 것일까요?"

"아마 그럴 거예요. 사실 원시 부족들은 일종의 옷 같은 것으로 성기를 고정시켰어요. 아마 가리기 위해서라기보다는 고정할 목적이었을 거예요."

"그러면 여기에서 인간은 성 선택의 산물이라는 사실을 명확하게 하기 위해 한 걸음 더 나아가 볼게요." 아르수아가는 수사적인 의미를 실어 이야기했다. "그런데 성 선택이 뭔지는 기억하시죠?"

"그럼요. 다윈은 생태적 기능도 적고, 그렇다고 적응과도 관계가 없는 일련의 특성이 있다는 사실을 주장했죠. 예를 들어, 공작의 꼬리 같은 것인데, 따라서 뭔가 다른 기능이 있어야 한다고 봤죠. 생존에 도움이 되지 않는 것이라면 다른 용도라도 있어야 하니까요. 섹스를 위한 선택에라도 도움이 돼야 한다는 거죠."

"그거예요. 다윈은 우리 인간 종에선 남자가 성 선택을 한다고 생각했어요. 다른 종의 수컷들과 마찬가지로 남자들 사이에서 싸움이 벌어지고, 우두머리가 그 집단의 기준에서 봤을 때 가장 아름다운 여성을 골라 그녀와 번식을 했다고요."

"그렇지 않나요?"

"만약 이 주장이 옳다면 결과는 가장 공격적인 사람이 나왔을 거예요. 남자들이 여자를 놓고 경쟁했다면(우리는 선사 시대를 이야기하고 있는 겁니다) 아들들은 이런 경쟁력을 물려받았을 테고, 아들의 아들도 더 공격적인 사람이 태어났을 거예요. 각각의 세대에서 가장 난폭한 사람이 선택됐을 테니까요. 한마디로 여성을 놓고 끊임없이 경쟁했다면 우리 인간은 굉장히 잔인해졌을 겁니다. 우리는 공존을 할 수 없게 됐겠죠. 그런데 이번엔 남성을 선택하는 사람이 여성이었다고 한번 가정해 볼까요."

"평화적인 남자를 선택할 거라고 믿나요?"

"잘 협력할 수 있는 남자를 선택할 거예요. 이렇게 된다면 장기적인 관점에서 봤을 때 훨씬 더 선한 인간이 나올 거예요. 아이들을 돌보는 데 잘 협력하는 사람을 선택했을 테니까요. 훨씬 더 관용적이고 덜 공격적인 사람일 테니까요."

"훨씬 부드러웠겠죠."

"그럼요. 성장이 느리고 세심한 돌봄이 필요한 아이들을 기르기 위해선 바로 그런 점이 절실했을 테니까요. 게다가 피임법을 활용하지도 못해 아이들이 연달아 태어났을 테니까요."

"알았어요. 그런데 우리 인간이 두툼한 남근과 커다란 귀두를 가진 것은 어떤 의미가 있죠?"

"그렇다고 굵은 성기와 커다란 귀두가 협력적인 성격과

모순된 것은 아니에요. 가장 협력적인 남자를 구함과 동시에, 성관계 중에 가장 큰 쾌감을 만들어 내려고 노력했어요."

"그래서 진화도 달리거나 나무에 기어오르는데 거추장스러운 그것의 크기를 작게 만들려고 하지 않았다는 것이네요."내 나름대로 추론했다.

"바로 그거예요. 굵은 성기와 커다란 귀두는 적응의 산물은 아니라는 거죠. 암컷으로부터 선택을 받는 데 도움이 되는 것을 빼면 모든 점에서 방해물일 수밖에 없는 공작의 꼬리가 그런 것처럼요. 굵은 성기와 커다란 귀두는 여성에게 정말 큰 쾌감을 줄 수 있죠. 그런데 여성의 오르가슴은 본질적으로 가장 인간적인 면을 보여 준다고 말할 수 있어요. 어쩌면 여성이 이루어 낸 성취일 수도 있죠."

"여타의 영장류는 오르가슴이 없다는 것인가요?"

"여성이 느끼는 정도는 아니죠."

"그렇다면 교미는 왜 하죠?"

"충동을 느끼기 때문이죠. 마치 선생님이 충동적으로 물을 마시는 것처럼요. 물을 마시는 것이 선생님에게 오르가슴까진 아니지만, 쾌감은 제공하잖아요."

"침팬지 암컷은 쾌감을 가지지 못한다는 것이 사실인가요?"

"별로 느끼지 못해요. 햇빛이 괴롭다고 느껴져 그늘에 들어갈 때 느끼는 쾌감 정도죠. 그렇지만 나는 지금 오르가슴, 여성의 슈퍼 오르가슴에 관해 이야기하고 있어요. 그것은 남자들은 상상조차 할 수 없는 거예요. 만약 나에게 램프의 요정인 지니가 나타나 소원을 하나 빌라고 이야기한다면 여성의 오르가슴을 요구할 거예요."

"당신의 오르가슴에 동의하지 못하나요?"

"남성의 오르가슴은 여타 포유류의 오르가슴과 크게 다르지 않아요. 별로 특별한 것이 없어요. 당나귀나 개의 오르가슴과 똑같죠. 갑작스레 경련이 이는 거고 그것이 끝이죠. 그렇지만 여성의 오르가슴은 다른 어떤 것과도 달라요. 이것은 생리적인, 그리고 신경 차원의 쓰나미와 같은 거예요. 남성들은 상상도 할 수 없는 강력한 것이죠. 그뿐만 아니라 한 번으로 끝나는 것이 아니라, 계속해서 밀려오는 쓰나미를 느낄 수도 있어요. 여성의 오르가슴은 정말 엄청나고 대단해요. 폭발적이죠."

"여성의 성욕은 가부장제 사회에선 언제나 위협으로 여겼던 초능력이에요." 나도 한마디 거들었다. "그래서 수백 수천 가지 방법을 동원하여 이를 통제하려고 했죠. 오늘날에도 여전히 많은 곳에서 클리토리스를 제거하죠. 성녀인

**사피엔스의 의식**

산타 테레사 데 헤수스*가 정말 특별했던 자신의 신비한 경험을 묘사하기 위해 사용한 언어와 뛰어난 여성 작가가 여성의 성적인 황홀감을 묘사하기 위해 사용한 언어 사이의 유사성을 부각한 학술 연구도 있어요. 화형장으로 가지 않기 위해 뭔가를 뒤에 숨겼을 수도 있어요."

"맞아요. 황홀감이야말로 가장 정확한 단어죠. 지금 생각하니 가톨릭의 상징 체계에선 여성의 고통을 표현하는 이미지들이 많은데, 사실은 완전히 정반대일 수 있는 것이 많을 것 같아요. 보이는 것이 전부는 아니니까요."

이런 이야기를 나눌 즈음 우리는 해변 끝자락에 도착해, 수영복을 입은 채 식사를 할 수 있는 노천 레스토랑에 자리를 잡고 앉았다. 오징어 튀김과 가다랑어, 그리고 상추와 양파가 들어간 신선한 샐러드를 주문했다. 그리고 고생물학자가 앞에서 이야기했던 베르데호도 한 병 주문했다. 음식이 나오는 동안 잘 말리면 별문제 없이 읽을 수 있으리란 생각에 메모 수첩을 햇볕이 잘 드는 의자에 올려 두

---

\* 스페인 16세기를 대표하는 시인이자 수도원 개혁에 전념한 인물이다. 사후 40년이 지난 1622년에 교황 그레고리오 15세에 의해 시성됐다.

었다.

모든 것이 좋았다. 특히 가다랑어에 대해 아르수아가는 아주 재미있는 발상을 들려 줬다.

"선생님은 일 년 중 이때쯤 바스크 지방에서 가장 중요하게 여기는 종교적인 테마가 무엇인지 아세요?"

"잘 모르는데요."

"가다랑어주의라고 하면 좀 이상한가요."

"그게 뭔데요?"

"모든 것이 해안 가까이 가다랑어가 많이 들어오는지 아닌지에 달려 있다는 거죠. 만일 가다랑어가 들어오지 않는다면 그해엔 종말이 올 거예요."

"그렇게까진 되지 않겠죠."

"아뇨, 그렇게 될 거예요. 오늘 해변을 산책하면서 뭘 봤는지 좀 말씀해 주실래요."

"사람들요. 반쯤 벗어젖힌 사람들을 봤어요. 당신이 말한 대로라면 선사 시대의 모습을 봤어야 할 텐데, 다양한 연령대의 사람밖에는 보지 못했어요."

"보통은 무리 지어 다니죠? 안 그래요? 바로 이것 때문에 왔어요. 이 점을 잘 기억해 두세요. 여기에서 문제가 만들어질 테니까요. 가족에는 핵가족과 확장된 가족이라는 두 가지 형태가 있어요. 전형적인 핵가족은 2세대로 구성되어 있죠. 아버지, 어머니, 그리고 자식으로요. 다른 사람들, 즉 처남이나 처형, 사촌, 장인어른이나 장모님 등을 포함하면 확장된 가족이라고 부르죠."

"이곳엔 주로 핵가족이 더 많이 눈에 띄는 것 같아요."

"맞아요. 여기에 온 사람들 대부분은 가까운 곳에 살면서 다시 집에 돌아가 식사를 할 사람들이니까요. 그렇지만 내가 자주 가던 카디스의 '푸에르토 데 산타 마리아' 해변에는 핵가족과 확장된 가족으로 구성된 '한 무리'라고 할 수 있는 사람들이 몰려들죠. 하루를 오롯이 해변에서 보내기 위해 세비야 등지에서 오는 사람들이 많기 때문이에요. 그래서 모든 종류의 가재도구까지 챙겨 캠프를 차리죠. 아이스박스와 침낭부터, 아이들에게 낮잠을 자라고 밀어 넣을 수 있는 이글루라고 부르는 텐트까지 말이에요."

"확장된 가족엔 구성원이 몇 명까지 들어갈 수 있나요?"

"경우에 따라서 다르죠. 내가 관찰한 바에 따르면, 카디스 해변에 온 확장된 가족 중에는 7개에서 8개까지의 아이스박스와 그 정도의 비치 파라솔을 가져온 집단도 있었어요. 작지만 한 무리를 이루고 있었던 거죠. 아이스박스 하나에 4(부모 2명에 자식 2명)를 곱하면 대략 30명 정도가 나오죠. 그러면 거의 30명에 가까운 집단이 되는 거예요."

"유발 하라리에 따르면, 침팬지의 경우 한 집단이 50마리가 넘으면 혼란이 일어난다고 했는데…"

"그러나 침팬지 무리는 무리마다 자기 영역이 있고, 영역을 벗어나지 않아요. 잘 걷고 잘 돌아다니는 우리 종의 경우엔 확장된 가족의 크기가 더 커요. 인간 종은 넓은 지역에 퍼져 살고 있고 엄청난 거리를 이동하죠. 그래서 30여 명에 달하는 집단은 서로 관계를 맺고 살아가면서, 혈연관계로 이어진 한 가문에 속한다는 이유로 여름이면 이렇게 모이게 되는 거죠. 그래서 선사 시대와의 비교는 여기보다는 카디스에서 훨씬 또렷하게 볼 수 있어요."

"확장된 가족을 지칭하는 '한 가문'이란 개념이 참 흥미롭네요."

"개인적으론 굉장히 좋아하는 개념이에요. 공통된 과거를 가지는 것으로 추정되는 사람들의 수를 나타내기 때문이죠. 멀지만 친족 관계를 공유하고, 서로를 공통된 조상의 아들 혹은 후손으로서 인식하는 사람들 말이에요. 서로에 대해 정보를 가지고 있죠. 던바*의 수에 관해 이야기를

---

\* 로빈 던바(Robin Dunbar)는 영국의 생물 인류학자이자 진화 심리학

들어 본 적이 있나요?"

"아뇨. 던바가 누구인데요?"

"몇 년 전 케임브리지에서 만났던 영국의 아주 유명한 영장류 학자예요. 그는 뇌의 크기가 집단의 크기와 연결되어 있다는 사실을 발견해 냈죠. 만일 어떤 종의 뇌 크기를 이야기하시면 집단을 형성할 수 있는 개체 수를 이야기해 줄 수 있어요. 뇌의 크기(특히 신피질의 크기)와 집단의 크기는 아주 밀접한 상관관계가 있다는 것이죠. 그래서 변수 중 하나만 알면 다른 하나는 간단한 방정식으로 알아낼 수 있어요."

"그렇군요." 나는 '방정식'이란 단어에 신경을 쓰며 이야기했다.

"미야스 선생님, 몇 사람들과 선생님에 대한 최신 정보를 유지하고 있죠? 핵가족과 확장된 가족을 생각해 보면 되겠죠. 처남이 복권에 당첨되면 선생님도 그 정도까진 알게 될 테니까요. 안 그래요? 그리고 선생님과 아주 특별한

자이며 영장류 행동 전문가다. 그는 한 사람이 안정적인 관계를 유지할 수 있는 개인의 수에 대한 인지적 한계를 측정하는 던바 수를 공식화한 것으로 알려져 있다.

관계를 유지하는 이웃과 직장 동료도 생각해 보세요."

계산을 해 봤다. 내 머리를 만져 주는 이발사도 집어넣어야 할지 고민했다. 최소한 한 달에 한 번은 만나 내 머리를 잘라 줄 뿐만 아니라 귀도 왁싱을 해 줬기 때문에, 그녀와는 상당히 내밀한 부분까지 이야기를 나누고 있었다.

"잘 모르겠어요." 나는 23명까지 헤아리다 이야기했다. "포기할게요."

"인간의 경우 던바의 방정식이 예측한 수는 150명 정도예요."

"그렇다면 내가 150명 정도와 안정적으로 의미 있는 사회적 관계를 유지할 수 있다는 말인가요?"

"맞아요."

"농담이겠죠. 50~60명도 어려울 것 같은데요."

"선생님은 예외예요. 사회성이 좀 떨어지니까요. 그렇지만 우리 인간 종 대부분은 그 정도는 돼요."

커피가 막 나온 바로 그 순간, 일곱 살 정도의 아이를 데려온 젊은 여자가 테이블에 다가왔다. 아주 오래전에 아르수아가에게 배웠다고 했는데, 수업에 대해 좋은 기억이 있다는 것이었다. 고생물학자는 기억하는 척했다. 아니 적어도 나는 그렇게 생각했다. 선글라스와 와인이 어우러져

예민해져 있었기 때문이다. 아무튼 서로 인사가 끝나고 우리는 그녀에게 자리에 앉으라고 권했다. 그녀는 민트 계열의 허브를 우려낸 차를 시켰고, 아이는 아이스크림을 주문했다.

"미야스 선생님에게 핵가족과 확장된 가족의 차이를 설명하고 있었어요." 아르수아가가 먼저 입을 열었다.

"우리 가족은 단핵가족이에요." 그녀가 말을 받았다. "아이와 나뿐이니까요."

"그렇군요. 단핵가족은 핵가족의 변형된 형태 중 하나예요. 핵가족의 가장 큰 특징은 두 세대로 구성된다는 점인데, 나는 이를 편부모 가족이라는 말로 부르는 것을 더 좋아해요."

"단핵가족이란 단어는 키스를 통해 옮겨 가는 전염병인 단핵세포증가증을 떠올리게 만들어요."

고생물학자와 로사라는 이름의 젊은 여성은 마치 나를 뜬금없이 황당한 이야기나 지껄이는 인간처럼 바라보았다. 나는 어색한 미소를 지을 수밖에 없었고, 나머지 대화는 옛날 학생이 옛날 선생님의 수업에 대한 기억을 중심으로 흘렀다. 그녀는 자기가 개발 도상국에서 활동하는 NGO에서 일하고 있다고 했다.

"제3세계를 요즘은 완곡하게 개발 도상국이라고 부르죠." 이번에는 아르수아가를 바라보며 단어를 바꿨다.

젊은 여성은 이런 식의 설명이 마음에 들지 않았는지 나를 아무짝에도 쓸모없는 존재처럼 바라봤다. 그때부터 분위기가 불편하게 바뀌었다.

"선생님은 모든 것을 바로잡아야 직성이 풀리나요?"

"뭘 바로잡는다는 거죠?" 나는 깜짝 놀라 되물었다.

"처음엔 단핵세포증가증을 말하더니 이번엔 제3세계라고…"

나는 얼른 사과의 몸짓을 했다. 그러나 아르수아가와의 만남이 불러일으킨 젊은 여성의 감격은 한순간에 사라져버렸고 아이가 채 아이스크림을 다 먹기도 전에 작별 인사를 했다. 고생물학자와 몇 차례 볼키스를 나누고 나와는 악수를 했다.

"선생님은 사람들 쫓아내는 데는 선수예요." 아르수아가는 나를 책망했다. "던바가 말한 뇌 크기에 상응하는 관계망의 수를 가지지 못하는 것도 당연해요."

"미안해요."

"가끔은 대화를 통해서도 많은 것을 배울 수 있어요. 이 여자의 삶은 상당히 흥미로웠어요."

"하지만 당신은 그녀에 대해 전혀 기억하지 못했잖아요."

"누가 그랬어요?"

"눈치로요. 당신의 이 선글라스 덕분에 특별히 명징한 눈을 가지게 됐어요. 그녀가 진짜 당신의 제자였는지도 잘 모르겠어요. 강연에서 당신을 봤을 수도 있잖아요."

"그만두죠." 고생물학자는 종업원을 불러 계산서를 요구하며 말을 마무리했다.

막달레나 궁으로 돌아오며 우리가 나눴던 모든 이야기에서 지금 현재 우리의 관심사인 의식과 관련해서 무엇을 봐야 하는지 그에게 물었다.

"선생님은 의식하지 못할 수도 있지만, 천천히 그 문제의 주변을 맴돌 거예요. 뇌와 정신에 관해서 이야기를 나눈 다음, 다시 지능의 문제로 돌아올 거란 사실을 곧 받아들이게 될 거예요."

"잘 알았어요. 세 가지가 한 묶음으로 움직이는 것이군요."

"선생님은 지능을 어떻게 정의하실 건가요?"

"잘 모르겠네요. 하도 종류가 많아서…"

"모든 종류의 지능을 하나로 다 포함할 수 있는 가장 단순한 정의는 문제를 해결할 수 있는 능력 아닐까요?"

"그럴 수 있겠네요."

"컴퓨터도 이런 능력이 있어요. 하지만 이것은 특별한 지능이죠. 인간의 지능과 같은 보편적인 것은 아니에요. 동물들의 다양한 형태의 지능을 연구하다 보면 지능이란 것이 주변 환경에 대해 예측할 수 있고, 예상할 수 있는 것과 관계가 있다는 사실을 깨닫게 되죠. 다시 말해 생태 환경 이야기를 하자면, 풀을 먹고 사는 동물들은 예측이 가능한 환경에서 살고 있다는 것을 알 수 있죠."

"선택할 수 있는 것이 많지 않죠. 풀만 먹으니까요."

"풀은 아주 풍부한 자원이지만 질은 좀 떨어지죠. 섬유질만 많고요. 그래서 하루 종일 먹기만 해야 해서 사회생활을 할 시간이 없어요. 그렇지만 식량 자원의 열량이 높은 경우엔 일반적으로 분산돼 있어서 찾아내기가 어렵죠. 그래서 많이 움직여야 하고 지혜를 짜내야 해요. 이것은 육식 동물과 과일을 먹는 동물 모두에게 똑같이 작용해요. 에너지 함량이 높으면서, 동시에 풍부하기까지 한 자원은 없어요. 풍부하고 값싼 것이나 희소성이 있어 값이 비싼 자원, 둘 중 하나를 선택해야 해요. 여기까진 동의하시겠어요?"

"네!"

"좋아요. 생태적인 환경과 함께 중요한 또 다른 것은 사

사피엔스의 의식

회적인 환경이에요. 인간을 제외하고 포유류 중에서 지능을 가장 발달시켜 온 세 계열은 모두 사회성이 강한 종이에요. 코끼리와 고래 그리고 고릴라, 침팬지 등과 같은 대형 유인원 등이 여기에 해당되죠. 이들은 수명도 길고 성장 속도가 느려요. 그래서 평생 낳는 자식 수도 가장 적고요. 자식을 적게 낳는다는 것은 언제든 죽을 수 있다는 점을 고려한다면 분명히 위험한 선택이에요. 너무 늦게 번식을 시작하는 것 또한 위험한데, 새끼를 낳을 수 있는 연령에 도달하지도 못하고 죽을 수 있거든요. 그러나 이 세 가지 계열의 동물들에겐 이 방식이 성공적이었어요. 이 종들의 지능이 사회적 지능이라는 것을 의미하죠. 집단에 속한 다른 구성원들의 행동만큼 예측 불가능한 것은 없어요. 매 순간 동맹을 맺어야 하고, 새로운 이해관계에 따라 언제든지 다른 동맹을 맺기 위해 이를 깨죠. 나는 발굴 작업을 정말 좋아해요. 사회적인 관찰을 가능케 해 주는 멋진 실험실이기 때문이에요. 발굴 작업은 사회적으로 위대한 실험이에요. 그 안에서 우리는 고립된 채 살아가죠. 밀폐된 곳에서요. 발굴만큼이나 발굴 작업이 가진 사회 생물학에도 관심이 있어요. 우리 인간은 수렵-채집인이 되면서 사회 복잡성이 증가했고, 이에 따라 비약적으로 발전했어요. 다른 말로 하면 인간은 생태적인 지능과 사회적인 지능, 이 두 가지 지능을 발전시켜 왔다는 것이죠. 던바의 수는 뇌의 크기(좀 더 구체적으로 말하면 인지 기능을 책임지는 신피질)와 집단의 크기(최근의 정보를 가지고 있는 사람의 수) 사이의 관계를 맺어 주고 있어요. 우리 인간의 경우, 선생님과 같은 경우를 제외하면(반복적으로 이야기하는 이유는 선생님이 이것을 적어 두는 것을 보지 못했기 때문이에요) 대략 150명 정도 되죠. 이 150명이라는 숫자에 대해서는 다음에 이야기할게요."

그 순간 우리는 막달레나 궁에 도착했다. 각자 자기 방으로 가기 위해 작별 인사를 하면서 아르수아가는 선글라스를 돌려달라고 나에게 이야기했다. 나는 선글라스를 벗자 갑자기 환상적인 느낌이 사라졌다. 벌거벗은 현실은 조금 전 특권을 누릴 때의 환경에서와 마찬가지로 뭔가 생닭의 맛만큼이나 받아들이기 힘들었다.

# 집단의 뇌 내부에선

"미야스 선생님, 나는 이 3부작을 끝내는 것도, 이타성에 대해 의문점을 남겨 놓는 것도 원치 않아요." 아르수아가가 입을 열었다.

"우리는 이미 그것을 이야기했어요. 그 점에 대해선 의심의 여지도 없고요." 나는 그를 진정시켰다.

"내가 보기엔 선생님은 안 좋은 의미에서의 낭만주의자이기 때문에 이타성이라는 존재에 대해 문을 활짝 열어 놓고 있는 것 같아요. 좋은 의미에서의 낭만주의자도 있지만, 안 좋은 의미에서의 낭만주의자도 있어요. 선생님과 달리 나는 좋은 의미에서의 낭만주의자예요."

"그럴 수도 있죠." 나도 고개를 끄덕였다.

"화내지 마세요. 나에겐 매우 중요한 문제이니까요."

"화난 것 아니에요. 왼쪽 귀에 중이염이 있어요. 그래서 아침에 진통제를 먹었는데도 아직 효과가 없네요."

"중이염이요? 혹시 관절염도 있어요?"

"없어요."

"당뇨는요?"

"당뇨도 없어요."

"그러면 선생님 나이에 비하면 정말 건강이 좋은 거네요."

"그렇다고 할 수 있죠."

우리는 고생물학자의 닛산 주크를 타고 그레도스 산맥을 향해 가고 있었는데, 나에게 정확하게 어딜 가는지는 말해 주지 않았다. 9월이 됐는데도 이 지역의 기후 때문인지 도로 양쪽의 식물들은 여전히 활력이 넘쳤다. 아니 그 이상으로 미친 것 같은 모습이었다. 시선을 돌리는 곳마다 형형색색의 식물들이 거침없이 솟아오르고 있었다. 나는 아침 햇살에 석양의 기운을 덧칠하기 위해 편광 선글라스를 쓰고 기분 좋게 눈을 감았다. 진통제가 만들어 준 첫 번째 행복감이 밀려오는 것을 느끼고 싶었다.

"이타성." 아무런 대가도 바라지 않고 순수한 연대의 마음에서 베풀었던 호의를 떠올리며 큰소리로 단어를 내뱉었다. 아마 약간의 감사하는 마음과 조금은 인정하는 마음이었는지도 모르겠다.

"생물학자들에 따르면" 아르수아가가 말을 받았다. "이타성은 존재하지 않아요. 이타성은 존재하지 않는다고 적어 놓으세요. 있을 수는 있지만, 아주 작아요. 너무 작아서 별 의미가 없을 정도로요. 예외와 규칙을 혼동해선 안 돼요. 중요한 것은 진화의 역사에서 중요한 에너지에 관한 것인가의 여부예요. 이 책의 마지막 부분에서 밝히겠지만 대답은 대문자 'NO'예요."

"그렇지만 몇 가지 사례를 알고 있는데요."

"그런 것은 믿지 마세요. 외견상으로만 이타성처럼 보일 뿐이죠. 다른 말로 하면, 유전자 차원의 이기심, 상호주의, 교환 등일 뿐이에요."

"이미 알고 있어요. 이기적 유전자는요."

"사실은 유전자 차원의 이기심이죠. 우리는 번식에 엄청난 노력과 시간, 그리고 에너지를 투자하고 있어요. 우리는 아이를 낳아 기르죠. 실제로 동물들은 자식이 많으면 많을수록 좋거든요. 부자지간이나 모자지간의 사랑이야말로 일방적이면서 이해관계가 개입되지 않은 유일한 사랑이에요. 선생님도 아시다시피 자식들은 우리 유전자의 절반을 가지고 있어요. 따라서 두 아이라면 선생님 한 명과 동일하다고 할 수 있어요. 그리고 어디를 보든 아이를 키운다는 것은 정말 비용이 많이 드는 일이에요."

"감정적인 관점에서도요."

"맞아요. 선생님의 유전자는 개인의 이해관계에 반하는 경우가 많아요. 유전자들은 육체를 이용해 영속을 꾀하니까요. 내 유전자들은 복제를 통해 영원히 살기 위해 나를 이용하죠."

"이미 적어 놓았어요."

"이 문제에 관해 나와 논쟁할 생각 없어요?"

"귀가 아프게 들었다고 이미 말씀드렸잖아요."

"좋아요. 다른 형태의 이타성처럼 보이는 것이 있는데, 바로 집단의 이타성이에요. 집단에서 협력이라고 하는 것은 사실 상호주의에서 비롯된 거예요. 다시 말해 상호 이익에서 나온 거죠. 서로 다른 종 사이에서 일어나는 이런 행동은 공생이라고 하죠."

"그것도 적어 놓았어요."

"세 번째로는 호의의 교환이 있어요. 곤충조차도 서로에게 베푸는 호의에 대한 계산서를 안고 다니죠. 모든 사회적 동물은 누구에게 호의를 베풀어야 하는지, 혹은 누가 자기에게 호의를 베풀었는지를 기억해요. 만일 나에게 호의를 돌려주지 않을 거라면 나를 잊어 주세요."

"인간 종에서는요?"

"인간 종에선 순수한 이타성의 사례도 물론 있어요. 그러나 그것은 아주 드물어 그런 일이 일어나면 뉴스가 될 정도예요. 얼마 전엔 한 남자가 텔레비전에 나오기도 했죠. 5,000유로가 든 지갑을 주었는데 경찰서에 갖다 줬다고요."

"텔레비전에 나가기 위해 그랬을 거예요." 내가 비꼬았다.

"아니라고는 못 하겠네요. 정말 예외적인 사례였어요. 만일 진정한 의미에서 예외적인 사례였다면, 나는 이것이 진화의 힘은 아니라고 생각해요."

"이것도 또 다른 호의의 교환인 건가요?"

"맞아요. 내가 선생님에게 호의를 베풀었는데, 나에게 호의를 돌려주지 않는다면 나는 화가 날 거예요. 분명히 나는 선생님이 백내장 수술을 했을 때 선생님에게 선글라스를 선물했어요. 지금 쓰고 있는 선글라스를요."

"선글라스와 흑색종을 막을 수 있는 차양이 달린 모자도 선물했죠."

"그래요. 200유로짜리 선글라스와 모자를요. 나도 선생님의 작은 성의를 기다리고 있어요."

"그런데 뭘 선물해야 좋을지 모르겠어요. 아르수아가, 당신은 다 가지고 있잖아요."

"곧 알게 되겠죠. 그렇지만 좀 짜증이 나기 시작했어요. 사실 이타성에서 나온 행동은 아니었거든요. 일종의 거래인 셈이죠. '우리가 함께 써서 많은 돈을 벌 수 있게 해 줬던 이 책들을 통해 내가 선생님에게 호의를 베풀었는데, 선생님은 나에게 그런 호의를 베풀었을까? 아직은 아니야.' 이런 식의 이야기는 순수한 상호주의예요. 상호주의는 동등한 사람들 사이에서 가장 잘 작동해요. 서로에게 빚진 것이 없어야 해요. 귀는 좀 어때요?"

"진통제가 약효를 내기 시작했어요. 통증은 좀 줄었는데, 나 자신과 관련해서 좀 이상한 느낌이 들어요. 마치 완전히 내 몸이라곤 할 수 없는, 뭔가에 들어가 있는 듯한 기분이에요."

"그것을 해리(解離)라고 하는데, 선생님은 해리에 자주 빠지는 것 같아. 그건 그렇고, 유전자 이기주의는 네포티즘(nepotism), 다시 말해 족벌주의라고도 불러요. 선생님도 아시겠지만, 이것은 부패한 인사들이 자기 가족이나,

엄밀한 의미에선 친척이라고도 할 수 없는 매제와도 이런 일을 관행적으로 자주 저지르지요. 조카도 마찬가지예요. 조카 역시 선생님의 유전자를 가지고 있으니까요. 매제가 조카를 키우기 때문에 우리가 그들을 떠받드는 거죠. 그래야 우리 유전자가 혜택을 볼 수 있으니까요. 그러나 처남의 배우자에겐 국물도 없어요. 진정한 의미에서 받들 필요가 있는 사람은 아니니까요. 이에 대한 설명 역시 유전자예요. 처남과 처남댁의 아이들은 선생님의 유전자를 전혀 물려받지 않았거든요. 하지만 사모님의 유전자는 가지고 있어요. 그래서 선생님은 사모님과 유전적인 거래가 있기 때문에 조카들을 받아줘야 하는 거죠. 정리하자면 이런 이유에서 모두 함께 의자와 비치 파라솔 그리고 아이스박스를 들고 해변으로 나오는 거죠."

"좋아요." 내가 결론을 내렸다. "곧 명확해질 테니까 너무 걱정하지 마세요."

"내 인생 철학과 관련된 개인적인 푸념 좀 할게요. 사람들은 높이 평가할지 모르지만 나는 우정이라는 것을 믿지 않아요. 오히려 생물학적 질서 같은 것을 더 믿죠. 예를 들어, 아내가 나를 좋아한다. 나는 사교적이지 못한, 반사회적인 존재일까? 그렇진 않을 거야. 이런 것 말이에요. 나는 오르테가 이 가세트*의 캐러밴 이론**을 믿어요. 각각의 캐러밴은 한 세대와 함께 깊은 사막으로 들어가 결국은 사라지지요. 이런 캐러밴에는 여행의 동반자들이 있어요. 선생님도 여행할 때 다른 사람들보다 더 잘 어울리는 동반자들이 있기 마련이에요. 더 많은 일을 함께 도모한, 그리고 더 많은 공통점을 가진 동반자 말이에요. 그들이 죽으면, 선생님은 여행의 동반자를 잃고, 분명히 슬퍼할 거예요. 이제 누구와 이야기를 나눠야 할지, 누구와 함께 웃어야 할지 생각하겠죠. 조심하세요. 우리는 지금 '포사 데 티에타르(Fosa de Tiétar)'***에 있어요. 이곳엔 '라 미라' 봉우리

---

\* 20세기 스페인을 대표하는 철학자로, 그의 사상은 관념주의적 '생철학'에 기반한다. 대표적인 저작으로는 《대중의 봉기》를 들 수 있다.

\*\* 오르테가 이 가세트(José Ortega y Gasset)의 '캐러밴 이론'은 인간은 혼자서 살아가는 존재가 아니라 다른 사람들과 함께 여행하는 공동체적 존재임을 강조하는 이론이다. 그는 인류 역사를 "끝없이 이어지는 캐러밴 행렬"에 비유했는데, 여기서 캐러밴(Caravana, 이동하는 대상 행렬)은 '인간 개개인이 유전적, 문화적 연속성에서 일시적으로 함께 걷는 동반자'라는 은유적 의미를 담고 있다.

\*\*\* 포사 데 티에타르(Fosa de Tiétar)는 스페인 내전과 프랑코 정권 시절에 발생한 대량 학살 사건과 관련된 장소다. 이곳은 스페인 카세레스(Cáceres) 지방의 티에타르 강(Río Tiétar) 근처에 위치한 매장지인데, 프랑코 군대와 우파 세력에 의해 살해된 공화파 지지자들과 민간인들이 묻힌 곳이다.

가 있는데, '그레도스 원형 계곡' 밖에 있으면서 그레도스 산맥에서 가장 높은 곳 중 하나죠."

우리는 바로 햇빛을 받아 거울처럼 빛나는 완만한 언덕과 광활하게 펼쳐진 목초지가 어우러진 낙원과도 같은 곳으로 들어갔다. 떡갈나무, 참나무, 올리브 나무, 포르투갈 오크 등이 자라고 있었다.

"이곳은 데에사(Dehesa)[****]예요. 숲과 목초지가 결합된 독특한 생태계로 자연과 인간 활동 사이에 거의 완벽한 균형을 추구한, 누가 뭐라고 해도 스페인만의 발명품이라고 할 수 있는 곳이죠. 이곳은 자연환경의 관리라는 측면에서 가장 좋은 사례이기도 해요. 인간이 가장 선호하는 풍경이 바로 데에사예요. 여기에선 나무와 풀 그리고 물을 볼 수 있기 때문이에요. 폐쇄된 숲이나 열린 초원이 아니고, 놀

---

최근 스페인에서는 내전과 프랑코 독재 시절의 희생자들을 기리기 위해 '역사 기억법(Ley de Memoria Histórica)'이 제정되어, 포사 데 티에타르와 같은 집단 매장지에서 희생자들의 유해를 발굴하고 신원을 확인하는 작업이 진행되고 있다. 한마디로 이곳은 과거의 아픔을 기억하고 민주주의와 인권의 가치를 되새기는 중요한 역사 현장이다.

[****] 데에사는 오크나무나 떡갈나무가 드문드문 자라고 있는 숲과 초원이 혼합된 형태로, 목축과 농업, 임업, 사냥 등 다양한 활동이 동시에 펼쳐지는 곳이다. 이베리코 돼지의 방목 또한 이곳에서 행해진다.

랄 만한 생물 다양성을 만들어 내는 이 두 가지, 즉 숲과 초원이 결합된 보기 드문 곳이죠. 이제 우리는 그레도스 산기슭으로 갈 거예요."

나는 그레도스를 바라보았다. 아득한 옛날부터 전해 내려온 풍경 속을 단둘이서 여행하고 있어서인지 그레도스의 완만한 경사면을 보며 약간 소름이 돋았다. 그래서 나는 고생물학자에게 오랫동안 묻고 싶었던 질문을 던지기에 딱 맞는 순간이라는 생각이 들었다.

"생물학자이자 인류학자로서 욕망의 본질에 대해서 생각해 본 적이 있나요?"

"아니요." 그는 썰렁하게 대답하고선 다시 스페인의 히말라야만 넋을 잃고 바라보았다.

커다란 새가, 아마 독수리 같은데, 파란 하늘을 가로질러 오더니 한쪽 눈으로 우리를 바라보는 것처럼 머리를 돌렸다. '독수리가 우리를 데려갔으면!'이라는 생각이 들었다. '이곳으로 내려와 토끼를 낚아채는 것처럼 이 낡고 조그마한 자동차를 낚아채 그레도스 산맥의 최고봉인 알만소르에 있는 자기 둥지로, 아니면 어디로든지 둥지가 있는 곳으로 우리를 데려갔으면 좋겠다!'라는 생각이 머리를 스쳤다.

사피엔스의 의식

독수리는 우리를 무시했다. 잠시 후 우리는 한참을 지방도와 시골길을 따라 오른 끝에, 그레도스 산맥의 한 지점에 도달했다. 이곳은 포얄레스 델 오요(Poyales del Hoyo) 마을 근처로, 커다란 전원주택이 있었는데, 69세의 '(이노센시아를 줄인) 이노'와 73세의 '헤라르도'라는 젊은이 못지않은 활력을 자랑하는 두 분이 관리하는 꿀벌 박물관 겸 교실이 그 안에 있었다.

훗날 내가 알아낸 바에 따르면, 이노와 헤라르도는 마드리드 교육대학교를 다니면서 알게 됐다고 한다. 두 사람은 자연에 끌려 학교를 졸업하자마자 양가의 극심한 반대에도 불구하고 그레도스 산맥의 남쪽 기슭에 있는 포얄레스 델 오요에 들어가 살기로 결심했다. 그곳은 헤라르도의 고향이기도 했다. 시골에 살면서 생계 문제를 해결하기 위해 올리브 씨앗을 가공하여 식물성 숯을 만드는 일부터 담뱃잎 따는 일까지 할 수 있는 일은 뭐든 했다. 담배 줄기에서 잎을 따서 다발로 묶어 발효 센터로 가져갔다. 발효 센터는 그레도스 남쪽의 칸델레다에 있었는데 지금은 없어졌다. 그뿐만이 아니었다. 두 사람은 산을 관리하는 일도 했으며, 무화과와 올리브 농장도 운영하고, 양봉을 해 주인과 반반씩 나누기도 했다. 미장이였던 헤라르도 아버지의 도움을 받아 3년 만에 자기들만의 집을 지었다. 살림집 아래엔 벌을 관찰하기 위해 천장에 진짜 벌집을 매달아 놓고, 벌들의 움직임에 쏙 빠져 몇 시간씩 벌들이 일하는 모습만 바라보며 보내기도 했다. 어느 정도 시간이 흐르자 그들은 대출을 받아 벌집 100개를 샀는데, 이노의 말을 빌리자면 이 덕분에 경제적인 빈곤에서 벗어날 수 있었다. 집을 지었던 농장의 무화과나무 재배와 양봉이 주 생계 수단이 됐다. 20년 가까이 관찰하고 연구한 끝에 1997년 두 사람은 교실 겸 박물관을 짓기로 마음을 먹었다. 스페인의 첫 번째 살아 있는 꿀벌 박물관이었다. 그 후 26년 동안 수천 명의 사람이 이 박물관을 찾았고, 덕분에 자연환경 속에서 살아가는 이 곤충을 관찰할 기회를 가질 수 있었다. 두 사람은 시골에서 전원생활을 하며, 아이들을 키우며, 아이들이 선택한 학교에 보낼 수 있었다. 여전히 현역으로 활발하게 활동을 하긴 하지만, 이노와 헤라르도는 이젠 은퇴해야 할 나이가 넘은 탓에, 아들인 하비에르와 그의 반려자인 디아나가 꿀벌 박물관 겸 교실을 사업으로까지 발전시킨 부모 세대의 열정을 물려받았다.

"벌떼는 초개체*예요." 우리를 맞이한 헤라르도가 설명

---

*   개미나 벌처럼 사회적 곤충 집단에서 나타나는 개념이다. 여러 개

을 시작했다. "생물학적으론 한 마리처럼 행동하는 수천 마리로 구성된 집단의 뇌를 가졌어요. 각 개체는 하나의 뉴런으로 간주할 수 있고, 다양한 형태의 의사소통(페로몬, 개체 간의 신체적인 접촉, 소리 등)을 통해 우리 뇌와 비교할 수 있는 창발적 시스템을 구축하지요. 이 둘은 모두 이런 종류의 시스템을 구성하는 동일한 규칙을 따르고 있어요. 둘 사이에 차이가 있다면 그것은 복잡성인데, 인간의 뇌가 훨씬 더 복잡하고, 따라서 훨씬 더 지능도 높죠. 통찰력이 불꽃처럼 번뜩이고, 의식과 양식이 솟아 나오려면 어느 정도의 복잡성이 필요한지 아는 것은 정말 흥미로울 거예요."

우리는 바로 초개체를 보러 갔다. 교실 겸 박물관에는 유리로 만든 방이 있었는데, 천장엔 4개의 커다란 벌집이 엄청난 크기의 종유석처럼 매달려 있었다. 벌들은 언제나 자연을 향해 열어 놓은 4개의 벽 중 하나를 통해 유리방에 열심히 들어오고 나가고를 반복하고 있었다. 방문객들은 유리를 통해 별다른 위험 없이 가까운 거리에서 밀랍으로 된 벌집 주변을 열심히 날아다니는 벌들을 관찰할 수 있었다.

체들이 모여 마치 하나의 단일 개체처럼 행동하고 기능하는 집합체를 의미한다.

헤라르도의 설명 덕분에 수벌과 일벌을 구별할 수 있었고, 여왕벌이 오가는 모습도 생생하게 지켜볼 수 있었다. 벌목에 속하는 곤충은 일종의 카오스와 같은 세계에서 겹겹이 층을 지어 생활하지만 그런데도 정말 멋진 질서를 만들어내고 있다. 각각의 시설엔 8만 마리 정도가 살고 있는데, 벌 한 마리 한 마리는 진정한 의미에서의 개체라고는 할 수 없고 벌떼(초개체)의 한 부분일 뿐이다. 완벽하다는 것은 일벌이 수벌의 역할을 부러워하지 않고, 수벌이 일벌의 역할을 부러워하지 않으며, 마찬가지로 여왕벌이 일벌이나 수벌의 역할을 부러워하지 않음으로써 가능하단 생각이 들었다. 물론 벌들은 자기에게 주어진 조건에 대해 별다르게 의식하지 않고 살아가기 때문에, 현재 자기 역할의 벌이 되는 것을 원치 않았을지도 모른다. 수정하기 위해 무작정 난자를 향해 돌진하는 정자 역시 자기에게 주어진 조건이 뭔지 모르는 것처럼 말이다. 벌들에겐 욕망이 없는 것처럼 정자 역시 마찬가지로 욕망이 없다. 오로지 프로그램된 본능이, 잘 모르겠지만 무의식적인 경향만이 있을 뿐이다. 즉 이해하기도 설명하기도 어려운 비정한 기계적인 행동만 있을 뿐이다. 갑자기 들에서 날아온 벌 한 마리가 벌떼 사이에 공간을 만들더니 '8자 춤'으로 알려진 춤을 추기 시작했다. 밖에서 무

　　　　　　　　　　　　　　　사피엔스의 의식

엇을 발견했는지를 동료들에게 알리기 위해 움직임을 통해 숫자 8을 그렸기 때문에 이런 이름이 붙여진 춤이었다.

몸과 몸의 마찰과 지칠 줄 모르는 날갯짓을 통해 만들어진 끝없이 이어지는 음악의 리듬에 맞춰 벌떼의 열광적인 활동이 이뤄졌다. 눈을 감으면 공포 영화 속의 사운드트랙과도 혼동될 것 같은 윙윙거리는 소리를 내고 있었다. 이렇게 가까이에서 초개체의 열정적인 활동을 관찰하는 것은 놀랍기도 했고, 두렵기도 했다. 구성원들 각자가 원했거나 원하지 않아서가 아니라 자기도 모르는 사이에 스스로 몸에 지니게 된 명령을 따르기 위한 활동이자, 그 명령을 지키기 위해서라면 목숨까지도 바칠 준비가 되어 있었기 때문에 무의식적으로 나오는 그런 활동이었다. 우리가 가끔 무의식적인 충동에 지배되어 일을 벌이는 것처럼 벌들 역시 맹목적으로 일했다. 다만 인간에겐 우리가 얼마나 맹목적인지 깨달을 수 있고, 이에 대해 깊이 성찰할 수 있는 (유해한) 능력이 주어졌다는 점을 차이점으로 들 수 있다. 우리는 낮은 계급 출신일 때도 높은 계급에 오르기를 열망하고, 여왕을 부러워하며, 맘보(mambo)*의 왕이 되고

---

\* 룸바를 기본으로 한 리듬에 재즈 요소를 가미한 춤 음악.

싫어 한다. 물론 우리는 좌절하기도 한다. 그런데 벌들에 겐 계급 투쟁이 없다. 벌들은 자기가 어느 계급에 속해 있는지 모르기 때문이다. 그러나 인간의 경우엔 가장 특권을 누리고 있는 계급까지도 좌절을 겪는데, 좌절이 욕망의 본질 그 자체로 욕망의 본성이기 때문이다. 따라서 모든 사람이 좌절을 겪는다. 왕도 여왕도 마찬가지다. 거울 앞에서 황금과 다이아몬드로 된 왕관을 쓰고 있어도 내면에선 '이것은 아니야'라는 목소리가 들려오는 것이다. 이것은 아니다. 우리가 원한 것은 절대로 이것이 아니라, 이것이 의미하는 것이었다. 바로 여기에서 인간들의 죽음을 향한 미친 듯한 질주가 나오며, 처음부터 원했던 것이 아닌 욕망의 대상은 그 길에 버리는 것이다.

이것은 아니었다.

바로 여기에서 내가 인류학자이자 생물학자인 아르수아가에게 했던 욕망의 본성에 대한 질문이 나온 것인데, 그는 대답을 원치 않았다. 아니 어떻게 대답해야 하는지 몰랐을 수도 있다.

맙소사.

어느 날 우리가 벌떼라고도 부르는 초개체가 머리가 아프면 혹은 나처럼 편두통을 심하게 앓게 되면 과연 어떻

사피엔스의 의식

게 대응할지 궁금했다. 내가 마음속으로 이러한 실존적인 질서의 문제에 고민에 고민을 거듭하고 있을 때, 헤라르도는 냉혈 무척추동물인 벌들이 어떻게 한겨울에도 벌집 내부 온도를 섭씨 34도로 유지할 수 있는지 설명했다. 그리고 전혀 생각지도 못한 냉방 기술을 이용해 어떻게 한여름에도 벌집 내부를 시원하게 만드는지도 이야기했다. 저 춤으로, 우리가 8자 춤이라고 부르는 것을 가지고 정찰을 떠났던 벌이 동료 벌들에게 가져온 먹이의 종류뿐만 아니라, 먹이를 발견한 곳의 거리와 그 먹이를 발견하려면 정확하게 어떤 방향으로 날아가야 하는지까지도 알려 준다고 했다. 그리고 벌의 종류가 2만 종 이상이고 대부분이 단독 생활을 하며, 사회성 벌들(Social Bees)이 그 어떤 종도 자기 벌집을 혼동하지 않는 이유가 여왕벌이 사회적 결속을 생성하는 페로몬을 방출하기 때문이라고 알려 주었다. 이 페로몬은 일종의 여권과도 같아서 벌집 입구에서 이것을 보여 줘야만 경비를 서는 벌들이 안으로 들어갈 수 있게 해 준다고 이야기했다. 1월에서 7월까지는 태어나는 벌보다 죽는 벌이 더 많다고도 했다. 침이 작살처럼 생겨서 포유류에게 침을 쏘았을 때 침이 살을 아주 쉽게 뚫어버리긴 하지만 한번 박히면 빼낼 수 없기에, 보통은 공격적인 모습을 보이지 않는다고도 했다. 한번 침을 쏘면 벌들도 내장을 포함한 내부 장기의 일부를 잃게 된다. 공격성이 없다는 것을 보여 주기 위해 헤라르도는 유리방 안으로 들어가 그곳에서 그의 머리와 몸통 주변을 작은 전투기처럼 죽일 듯이 날아다니는 벌들에게 둘러싸인 채 몇 분을 머물렀다. 그는 한 손을 잠시 벌집 위에 올려놓았다가 꺼냈는데 손가락은 온통 벌로 뒤덮여 있었다. 벌들이 위협을 느끼지 않도록 천천히 움직였기 때문에 벌들 역시 그에게 아무런 공격도 하지 않았다. 그런 다음 그는 인류학자와 나를 방으로 들어오라고 했는데, 모험을 즐기는 인류학자는 그의 초대를 기꺼이 받아들였다. 벌들에게 둘러싸여 웃음을 짓는 아르수아가의 모습은 히치콕 감독의 영화에 나올 법한 장면 같았다.

"걱정하지 마세요." 헤라르도는 내 얼굴을 보고 이렇게 이야기했다. "앞에서 이야기했듯이 함부로 침을 쏠 수 없는 애들이에요."

아르수아가가 유리방을 나오자 우리는 산이 한눈에 들어오는, 집에서 가장 높은 곳으로 식사를 하러 갔다. 이노와 헤라르도가 우리를 위해 준비해 준 음식을 먹는 동안 그들은 계속해서 벌의 세계에 대해, 예를 들어 유충과 여왕벌에게 먹이를 주는 방법, 청소 습관 등을 알려 줬다. 우리에게 알려 준 습관 중엔 수벌에 대한 것이 하나 있었는데, 그것은 나를 충격에 빠뜨렸다. 알다시피 이 계급의 유일한 기능은 번식이었다. 수벌들은 언제나 황금빛 여름의 작열하는 태양 아래 비행을 하면서 여왕벌과 교미를 한다. 그러나 수벌의 생식기는 정자를 방출한 후에도 여왕벌의 몸 안에 잡혀 있도록 설계되어 있다. 그래서 여왕벌과 떨어지게 되면 이 생식기가 내장에서 떨어져 나와 결국 죽게 된다. 9월이 되면 이러한 번식을 위한 기능은 이듬해 여름까지 중단되기 때문에 남아 있는 수벌들은 쓸데없는 낭비를 줄이기 위해 벌집에서 쫓겨난다. 집으로 돌아와도 안으로 들어오는 것이 허용되지 않으며 진정한 의미에서의 불가촉천민인 파리아(paria)가 되어 버리는 것이다. 한마디로 여왕벌과 황홀한 결혼 비행 중에 성관계를 하는 특권을 누렸던 바로 그들이 죽어 쓰러질 곳조차 없는 가장 비참한 자가 되어 이런저런 방법으로 자신의 생을 마감한다. 포식자의 위 속에서, 혹은 자동차 바퀴에 깔려 검은 아스팔트 위에 아무 의미도 없는 어두운 얼룩만 남긴 채 생을 마감하는 것이다.

마드리드로 돌아오는 길에 차 속에서 아르수아가가 이

야기했다.

"미야스 선생님, 우리가 여기까지 왔던 것은 선생님 눈으로 직접 복잡한 시스템을 봤으면 하는 마음 때문이었어요. 집단을 이루면 단순하게 부분의 합 이상이 되는 시스템, 즉 초개체를요."

"스스로 자각하진 못하지만, 의식은 있다는 말이네요."

"뭐라고 말씀하셔도 좋아요."

"몇 달 전 이것에 관해 이야기한 적이 있어요." 그에게 기억을 상기시켰다. "당신이 발굴 작업을 하고 있을 때요. 내가 메모를 몇 장 잃어버려 전화했었잖아요."

"그때 대화 중에 창발론에 대한 이야기가 나왔잖아요. 선생님은 의식이 뇌 활동의 창발적 속성이라는 글을 어디선가 읽었을 거예요."

"기억나요."

"선생님이 이 개념을, 예컨대 창발이라는 개념을 사용하기 시작할까 봐 걱정됐어요. 다른 사람들이 신비주의자가 되어 에너지나 신에 관해 이야기할 때처럼 말이에요."

"그렇지만 시스템이 단순한 부분의 합 이상이라는 말은 2+2가 7이라고 말하는 것처럼 어쩐지 좀 이상하긴 해요."

"어떻게 하면 선생님을 마술적인 사고에서 벗어나게 할

**사피엔스의 의식**

지 모르겠어요." 아르수아가가 투덜댔다. "사실 선생님이 아니라, 사람들 대부분이 마술에 사로잡혀 있긴 해요. 초 자연적인 생각들이 널리 퍼져 있는 상황에서 과학을 연구 하는 것이 얼마나 어려운지는 상상도 못 할 거예요."

"맞아요. 당신은 나에게 벌 한 마리 한 마리를 보여 줬어 요. 그리고 나는 그것을 다 더했지만 그렇다고 벌집이 나 오진 않네요."

"한 번 더 이야기할 텐데, 이것이 끝이에요. 여기에 대해 선 다신 이야기하지 않을 거예요. 맹세할게요."

"나도 맹세할게요."

"복잡계는 구성 요소 하나하나가 비선형적인 형태로 상 호 작용하는 시스템이에요."

"비선형적이라는 것은 무슨 의미죠?"

"시스템의 한 부분에서 일어난 변화가 이 변화에 상응하 지 않는 효과를 낳을 수 있다는 거죠. 날씨는 며칠 전에 예 측할 수 없다고 했어요. 날씨는 시스템의 한 부분에서 교 란이 일어나면 전체 시스템에서 심각한 변화가 일어나는 복잡계이기 때문이에요. 바로 여기에서 남녀 기상 캐스터 의 드라마가 시작되는 거예요. 부활절이 다가오면 우리는 그들에게 날씨 예보를 부탁하지만 절대로 우리가 원하는 만큼 정확한 예보를 할 수는 없어요."

"그건 그렇죠." 나는 체념해 버렸다.

"복잡성이 더 높아질수록" 사막에서 설교하는 듯한 어조로 아르수아가는 말을 이어 갔다. "시스템의 전반적인 움직임에서 부분들의 합으로는 추론이 불가능한 뭔가가 나타날 가능성이 더 커지게 되어 있어요."

"선형적인 움직임을 보여 주는 시스템의 예를 하나만 들어봐 주세요."

"양 떼를 들 수 있어요. 이 동물들이 상호 작용하는 방식은 별반 놀라운 것이 없죠. 시스템의 부분에서 일어난 변화는 상호 작용하는 방식에 비례하니까요."

"좋아요." 또다시 체념할 수밖에 없었다.

"내가 선생님의 뇌에 900억 개의 뉴런이 있다고 말씀드리면 선생님은 이 데이터에서 뭘 추론하겠어요?"

"잘 모르겠네요. 너무 많긴 하네요."

"뭔가 도움이 될까요? 아닐 거예요. 이 뉴런들이 서로에게 어떻게 작용하는지 밝혀낼 수 없다면 별 도움이 되지 않을 거예요. 내가 이 벌떼가 8만 마리로 구성되어 있다고 이야기해도, 아무런 정보를 제공하지 않은 거나 똑같아요. 이 개체들의 일부분이 번식에, 또 일부는 먹이를 얻는데,

또 다른 일부는 방을 청소하는 데 전념한다는 사실을 추측할 때 비로소 뭔가를 알게 되는 거예요. 소위 '창발성'이 만들어지는 이 복잡성에 대해서 말이에요. 벌떼 사이에서 여왕벌이 사라졌는데, 이를 대체할 다른 여왕벌이 나타나지 않는다면, 이는 시스템의 한 부분에서 이 시스템의 죽음까지도 말할 수 있는 교란이 일어날 거예요. 단 한 마리가 죽었는데 시스템 전체가 끝날 수도 있죠. 바로 여기에서 비선형적이고 불균형적인 현상을 볼 수 있어요. 최소한 여왕벌이 지닌 중요성을 알게 될 때까지는 불균형적이죠. 이것은 마술이 아니라 정보예요."

"내가 보기엔 아직도 마술 같은 것이 남아 있는 것 같아요." 나는 농담을 건넸다. "아니면, 내가 확신이 없던지요."

"원하는 대로 생각하세요. 그렇지만 내 생각은 이미 명확해요. 괜히 나까지 형이상학적인 혼란 속으로 끌어들이지 마세요."

"주제를 바꾸죠. 언젠가 당신이 곤충들이 출현할 때까지이 지구는 온통 녹색이었다고 이야기했던 것이 떠올랐어요."

"그랬어요. 공룡 시대에 꽃이 나타나자 동시에 수분 매개 곤충도 나타난 거죠. 수분 매개 곤충이 사라지면 세상이 끝나버릴 거예요. 시스템의 한 부분에서 일어난 정말 작은 변화인데, 이것이 전체 시스템에 불균형적인 효과를 초래할 테니까요. 하나의 창발이죠."

"최고의 설명이네요."

"예컨대 꽃은 곤충들을 끌어들이기 위해 예쁜 색을 가지게 되었어요. 시간이 많이 흐른 뒤, 포유류의 시대가 도래하자 사회성 곤충이 나타났어요. 사회성 곤충에는 4가지 종류가 있어요. 꿀벌, 말벌, 개미 그리고 흰개미요. 사회성 곤충은 전체 무게로 따지면 무척추동물 세계의 주인이에요. 수십억, 수십조 톤에 달하죠."

"그러면 사회적이라는 것이 큰 장점인 셈이네요?"

"그런 것 같아요. 사회적인 것 이상이죠. 다시 말해 진사회적(eusocial)이에요. 《사피엔스의 죽음》에서 벌거숭이두더지쥐를 언급할 때 우리는 진사회성에 대해 이야기했어요. 기억하세요?"

"조금은요."

"진사회성은 노동의 분업이 특징이에요. 벌떼들은 생식 계급과 비생식 계급으로 나뉘는데, 일벌과 수벌 그리고 여왕벌이 있어요. 같은 집에 사는 개미들 역시 하나의 개체가 곧 전체인 초개체예요. 각각의 개미는 따로따로 떼어서 생각하면 뉴런과 같아요. 다시 말해 보잘것없을 뿐만 아니라 아무짝에도 쓸모가 없어요."

"자연엔 많은 단계의 복잡성이 존재하나요?"

"그럴 거예요. 간단하게 이야기하자면 이런 식으로 흘러가죠. 잘 적어 놓으세요. 단원자, 복합 원자, 분자, 박테리아, (박테리아의 결합으로 구성된) 복합 세포, 개체, 식물과 동물 그리고 균류로 나눌 수 있는 세 가지 계에 속하는 다세포 유기체 순으로요. 벌떼나 개미와 같이 진사회성을 가진 무척추동물도 고등 복잡계의 수준에 도달했어요."

"포유류에도 이와 비슷한 것이 있나요? 진사회성 포유류 말이에요."

"방금 언급한 벌거숭이두더지쥐가 좋은 예죠. 사회생활 측면에서 엄청나게 발달한 포유류가 있어요. 대형 유인원, 코끼리, 고래를 들 수 있죠. 이들은 벌이나 개미가 가진 진사회성의 수준에는 도달하지 못했지만 몇 가지 특징이 있어요."

"가장 근본적인 차이는 뭐죠?"

"이런 집단에선 개체가 사라지지 않아요. 반면에 벌떼들에겐 개체가 없어요. 개체가 곧 집단이에요. 인간에겐 개성이 엄청 중요해요. 그렇지만 개체가 집단 안에서 사라져 버리는 경우도 있어요. 집단의식을 형성하기 위해 개성의

일부를 집단에 양도하기도 해요. 곧 이런 경험을 할 기회
가 올 거예요."

"언제요?"

"곧 연락할게요."

# 이빨 요정의 죽음

10월 26일 목요일 아침, 아르수아가가 전화로 오후 8시에 만날 수 있는지 물어봤고, 나는 얼마든지 가능하다고 대답했다.

"그러면 택시를 타고 우리 집으로 와서 나를 태워 함께 가는 것이 어떨까요?"

"어디로 갈 건데요?"

"곧 알게 될 거예요."

"보통 때처럼 당신 차로 안 가는 이유가 있나요?"

"불가능해서요."

"많이 추운 곳인가요? 산을 오르거나 빗속을 걸어야 하나요?"

마지막 질문을 한 것은 예전에 출간한 책 두 권을 쓰는 동안, 책 쓰는 것 때문이 아니고 나이를 먹어서 그런 것이긴 하지만, 여전히 내가 늙었다는 사실을 인식하지 못하고 있는 것 같아서였다. 팬데믹, 즉 코로나를 겪으며 2년이나 보냈는데, 코로나 탓에 가슴 한편엔 불안감이 트라우마처럼 남아 있었다. 그래서 가끔 나의 한계에 대해 무관심한 태도를 보일 때는 아르수아가가 밉다는 생각도 들었다. 언젠가는 그 역시 나와 똑같은 한계를 경험할 텐데 말이다.

"아주 조용한 곳일 거예요." 나를 한층 더 불안하게 만드는 말투였다. 그의 대답에서 아이러니한 뒷맛을 느꼈기 때문이다. 그러나 나는 시간을 잘 지켜 그를 데리러 갔다.

"어디로 모실까요?" 택시 기사가 물었다.

나 역시 궁금하다는 표정으로 고생물학자에게 시선을 돌렸다.

"위싱크 센터*요."

몇 년 전 파트너십 때문에 이름을 바꾼 '팔라시오 데 데

---

*    스페인 위싱크 센터(WiZink Center)는 마드리드에 있는 체육관으로, 공식 명칭은 팔라시오 데 데포르테스 데 라 코무니다드 데 마드리드(Palacio de Deportes de la Comunidad de Madrid)다. 레알 마드리드 농구 팀의 홈 구장으로, 각종 이벤트가 열리는 장소다.

포르테스 데 마드리드(Palacio de Deportes de Madeid)를 가리키는 말이었다.

"콘서트에 가나요?"

"곧 알게 될 거예요."

출발한 지 얼마 되지 않아 그는 며칠 전 자동차 안에서 죽을 뻔했다고 이야기했다.

"10월 18일 오후에 부르고스에서 돌아오는 길이었어요. 완전히 진이 빠져 녹초가 되어 있었죠. 그래서 잠깐 밀라그로스 마을 바로 앞에 있는 주유소에 들르려고 했어요. 멀리서 임시 우회로를 봤는데, 갑자기 거의 다 도착해서 깜빡 잠이 들었어요. 잠깐 눈을 감은 것이 아니라 순간적으로 깊은 잠에 빠진 거예요. 차 왼쪽으로 중앙 분리대를 받는 바람에 잠에서 깼죠. 차는 오른쪽 차선에서부터 평행을 이루며 천천히 벗어나고 있었던 덕분에, 다시 말해 분리대와 거의 평행에 가깝게 달린 덕분에 부딪혔는데도 흔적이 별로 안 남았어요. 덕분에 잠에서 깼고 다시 차를 제어할 수 있었어요. 주유소에서 커피를 마시며 생각해 봤는데, 만약 앞쪽이 곡선 도로였다면, 길게 이어진 직선 도로가 아니었다면, 고속도로에서 벗어났을지도 몰라요. 정면으로 받았을지도 모르고요. 내일이 내 딸 로우르데스가 결혼하는 날이어서 그런지 계속해서 그 생각이 났어요. 재수 없었다면 로우르데스는 결혼식이 아니라 아빠 장례식에 참석할 뻔했어요. 축제와 비극을 가르는 선이 얼마나 가는지를 잘 보여 줬죠."

"마을 이름이 밀라그로스(기적)이어서 다행이었네요."

"그런지도 몰라요."

아르수아가는 딸이 하얀 드레스를 입고 전통적인 예식을 따라 성당에서 결혼한다고 이야기했다. 그리고 자기가 연미복을 입고 딸을 제단 앞으로 데리고 갈 거라고도 했다.

"연미복도 있어요?"

"빌려 놨어요."

"안 무서워요?"

"죽을 뻔했던 사고 말인가요?"

"아뇨. 딸이 하얀 드레스를 입고 교회에서 결혼식을 해서, 연미복을 입고 아버지 자격으로 참석할 거라면서요."

"아뇨! 예식은 수도 없이 치르잖아요." 잠시 망설이더니 이렇게 대답했다. "매년 새 학기가 시작할 때마다 우린 학사모와 가운을 입잖아요. 예식은 유대감을 공고히 하고, 전통을 강화하며, 사람이나 집단에 있어서 삶의 변화를 드러내는 일종의 상징적인 관행이죠. 그러니까 오늘 우리가 이야기하려는 게 바로 이거예요."

사피엔스의 의식

"무슨 말이죠?"

"상징적인 관행과 이러한 관행을 낳는 상징적인 정체성에 관해서 이야기할 거라고요. 먼저 한 가지 말씀드리죠. 상징은 상당히 강력해서 이데올로기를 넘어서까지 작용해요. 노골적으로요. 사실 십자군 전쟁에서 서로 대립각을 세운 것은 십자가와 초승달이었어요. 이 두 상징물은 중재자로 양측의 군대를 내세운 것이죠. 그렇다고 여기에 참전한 군인들이 《코란》이나 《성경》을 제대로 읽은 것도 아니었어요. 다른 말이긴 한데 이들 대부분이 읽을 줄도 몰랐거든요. 모든 전쟁이 이런 식이에요. 상징이야말로 군대를 동원하여 싸움을 벌이는 신들인 셈이죠."

고생물학자는 9시 전에 위싱크 센터에 도착해야 했기에 잠시 교통 상황에 초조해졌다가 다시 감상적인 어조로 결혼식에 대해 이렇게 이야기했다.

"자식들 결혼은 시간이 흘렀다는 생각을 하게 만들어요. 그렇지만 각각의 세대가 남긴 발자국을 지켜보는 것도 아름다운 일이긴 하죠."

위싱크 센터에서 하고 있었던 것은 콘서트가 아니라 마드리드 팀과 바르셀로나 팀 사이에 벌어진 '엘 클라시코' 농구 경기였다. 조 요렌테와 라켈 아시아인이 체육관 입구에서 우리를 기다리고 있었다. 지난번에 출간한 《사피엔스의 죽음》6장에 등장했던 요렌테는 한때 마드리드 팀의 선수였다. 그는 우리를 '벌거벗고 신나게 먹는' 레스토랑에 초대했는데, '정신을 리셋 시킬 수 있는 진짜 음식'을 판다고 자랑했었다. 우리 정신을 리셋할 수 있었는지는 잘 모르겠다. 그러나 우리는 21세기에 수렵-채집인의 삶을 살고 있다고 자랑하는 그와 기억에 남을 만한 하루를 보낸 것이 사실이었고, 그날의 기억은 책에 잘 반영되어 있었다. 나는 요렌테 덕분에 밀레니엄 차라고 할 수 있는 콤부차를 새롭게 발견하게 됐는데, 한동안 중독되다시피 했던 이것은 발효시킨 차를 베이스로 만든 것이었다. 골프공 크기의 뇌하수체 거대 선종을 제거한 지 얼마 되지 않았음에도 안색이 좋았다.

"뇌하수체에서, 다시 말해 뇌의 아래쪽이자 시상하부 아래쪽에서 발생한 양성 종양이에요."

"어떻게 당신도 모르는 사이에 골프공 크기까지 됐을까요?" 놀란 표정을 애써 감추고 물어보았다.

"그곳엔 골강(骨腔)이 형성되어 있어서요. 증상이 나타날 때까진 몇 달이나 몇 년이 걸린다고 해요."

나는 두개골 속의 공간이 골프공 크기의 종양을 키울 수

198

있다는 등의 세세한 이야기는 듣고 싶지 않아, 우리의 첫 번째 책인《루시의 발자국》13장에 등장했던 라켈 아시아인에게 눈길을 돌렸다. 우리는 그녀와 페드로 사우라와 함께 알타미라 동굴 벽화와 동시대에 그려진 후기 구석기 시대의 동굴 벽화가 있던 코바시에야라는 선사 시대의 동굴에 갔던 적이 있었다. 아시아인은 최근에《너무 흥미진진한(Muy Interesante)》이라는 잡지에서 '올해의 스페인 여성 과학자 8인'으로 선정된 젊은 연구자였다. 그녀는 저명한 과학 잡지인《앤더쿼터(Antiquity)》에 바위에서 특정 형태를 찾아낼 수 있는 인간만이 가진 능력에 관한, 많은 사람의 주목을 받은 흥미로운 논문을 발표했을 뿐만 아니라, 2년 동안 연구비를 받아 프라도 국립 박물관 자료실에서 일하기도 했다. 아무튼 그녀는 종양이 없다고 해서 너무 기뻤다.

경기가 시작되어서 더 지체할 시간이 없었다. 축제 분위기의 사람들에 둘러싸인 채 서둘러 위싱크 센터의 터널과 같은 긴 복도와 출입구를 지나 경기장으로 들어가고 있는데 아르수아가가 내 팔을 잡더니 귓속말을 했다.

"보시다시피 이번 모임은 뭔가 황혼 비슷한 성격이 있어요. 이제 이 책을 마무리 짓기까지 두세 장 정도 남았을 거예요. 그리고 이 책으로 몇 년 전부터 쓰기로 약속했던 3부작도 끝이 나겠지요. 그래서 그동안 완전히 친구가 되었다고도 할 수 없고, 책이 나온 후에 다시 만날 가능성도 거의 없을 테니, 1권과 2권에서 우리와 함께 이야기를 나눴던 몇 사람을 다시 만나보는 것도 괜찮을 거라는 생각이 났어요. 그러면 옛 추억을 되살리는 느낌도 있어서 서사적인 측면에서도 괜찮을 것 같아요. 안 그래요?"

"물론이죠." 나는 자동으로 고개를 끄덕였다.

"별로 확신은 없었어요."

"미안한데, 경기장 분위기 때문에 너무 어지럽네요. 작년에 나를 축구 경기장으로 데려가려고 했을 때 주의를 줬었 잖아요."

"곧 아시겠지만, 농구장은 좀 다를 거예요."

어쨌거나 나는 아르수아가의 뭔가 감상적인 분위기에 좀 놀랐다. 사실 그는 이런 감정을 쉽게 드러내는 편이 아니었다.

뭔가 한마디 덧붙이려는 순간, 죽은 사람들이 저승길에 지나갈 법한 터널 중 하나가 끝나며 경기장으로부터 엄청나게 강한 빛이 쏟아져 들어와 눈이 멀 것만 같았다. 우리는 마치 토해진 것처럼, 아니 세상에 태어난 것처럼 곧바로 경기장에 내던져졌다. 이 글을 쓰고 있는 지금도 이 모

     **사피엔스의 의식**

든 것이 똑똑히 되살아나 꿈을 꾸는 것 같은 감정에 빠져들었다. 텔레비전으로 보면서도 두렵다는 생각이 들어 그때까지는 대규모 스포츠 행사를 적극적으로 피해왔던 사람이라면 누구나 느낄 수 있는 감정이었다.

경기장은 항아리 모양의 폐쇄적인 건축물이었는데, 경기를 보러 온 1만 5,000명이 넘는 사람들의 몸뚱이가 벽에 덧대어져 있는 것 같았다. 몸과 몸 사이엔 바늘 하나 꽂을 틈이 없었다. 전체적으로 여기저기에서 가져온 천 쪼가리를 아무렇게나 이어 만든 직물 같았다. 몸뚱이, 아니 천 조각 위로 환한 얼굴빛이 두드러져 보였는데, 성냥에 불이 붙는 바로 그 순간의 빛을 연상시켰다. 게다가 입으로는 "알라 마드리드(Hala Madrid, 마드리드 화이팅!), 알라 마드리드, 알라 마드리드!"라는 함성을 계속해서 쏟아 내고 있었다.

우리는 VIP 자격으로 초대받았기 때문에 항아리 가장 안쪽의 코트 가까운 곳에 자리를 배정받았다. 사람들이 만들어 낸 태피스트리* 장식이 체육관 벽에서 갑자기 떨어진

---

* 직물 공예에서 '태피스트리(tapestry)'라는 단어는 두 가지 의미가 있다. 첫 번째는 직기(loom)를 이용해 씨실과 날실을 엮어 만든 직물 작품을 의미하고, 두 번째는 풍경, 인물, 정물화 등의 그림이 들어간 다양한 직물 작품을 가리킨다.

다면 우리는 단 몇 초 만에 엄청난 크기의 무거운 텐트 아래 파묻힐 거라는 생각이 들었다. 실제로 특혜를 받은 우리 자리도 그다지 안심이 될 만한 자리는 아니었다. 그래서 귀청이 터질 듯한 함성 속에서 내가 가장 먼저 한 일은 눈길로 가장 가까운 출구를 찾아보는 것이었다. 그런데 최소한 나에겐 상당히 멀리 있는 것처럼 보였다.

그러는 동안 경기는 시작됐지만, 나는 여전히 경기가 아닌 관중석에서 일어나고 있는 일에만 집중했다. 많은 사람이 경기장에서 벌어지는 일에 따라 벌떡 자리에서 일어나기도 하고, 팔이나 깃발을 흔들기도 하고, 나는 알아들을 수도 없는 구호를 희한할 정도로 동시에 외치기도 했다. 그러나 찌르레기들이 하늘에 그려 낸 아름다움과는 차원이 달랐다. 아르수아가, 요렌테 그리고 아시아인은 집단에 나의 모든 권리를 양도한 듯한 열광에 빠져들었다. 나는 하나가 된 듯한 덩어리에 엉뚱한 혹이 된 것만 같은 느낌이었다. '나'라는 존재는 수프에 완전히 녹아드는 것을 거부했고, 결국은 가슴을 짓누르는 종양처럼 느껴지기 시작했다. 종양을 없앨 수만 있다면, 종양에서 벗어날 수만 있다면, 집단을 위해 그것을 희생할 수만 있다면 나는 뭐든 바칠 수 있었다.

사피엔스의 의식

경기가 잠시 멈추고 천둥을 치는 듯한 음악 소리가 여기 저기 설치된 스피커에서 흘러나오자 고생물학자는 나를 돌아보며 한바탕 자기 교리를 늘어놓았다.

"산탄데르의 해변에서 핵가족과 상당히 많은 인원으로 구성된, 예컨대 경우에 따라선 50명에 이르는 확장된 가족에 관해 이야기했던 것을 기억하세요? 순수하게 생물학 차원의 가족인데, 반면에 여기에서 우리가 볼 수 있는 것은 1만 5,000명을 하나로 모으는 상징적 정체성이죠. 여기 있는 사람들 대부분은 혈연이나 우정이라는 특별한 관계가 없어요. 서로 아는 사이가 아니라는 말이에요. 그런데 여기에서 우리는 하나의 부족을 이루고 있어요. 단순한 생물학적 관계를 뛰어넘고 있는 것이죠. 기적이라고 할 수 있지 않을까요?"

"신의 가호가 있기를!"

"던바가 했던 말을 떠올려 보세요. 뇌의 크기가 우리가 관계를 맺을 수 있는 사람의 수를 결정하는데, 인간의 경우 대부분 150명을 넘지 않는다는 말을요. 그런데 아주 효과적인 상징을 만들 수만 있다면 눈 깜빡할 사이에 이를 15만 명으로 바꿀 수 있어요."

"아, 알았다! 상징은 하라리가 상상의 현실(realidaa imaginada)

이라고 했던 것과 같은 거군요."

"하라리는 그만 잊어버리세요. 선생님은 오랫동안 종족성에 대해 논의한 우리 인류학자들의 책을 읽지 않아서 이제야 깨달은 거예요. 국가나 종교와 같은 상징적 정체성 덕분에, 깃발이나 이미지로 자신들의 정체성을 표현하는 수백만 명의 사람들로 이뤄진 정체성 집단이 구성되는 거예요. 여기에서 스포츠 클럽 팬들과 같은 정체성 집단은 단순한 색으로 표현되죠. 아시다시피 레알 마드리드 팬들의 경우엔 흰색이에요. 상징적 정체성은 의식의 가장 미스터리한 표현 중 하나예요."

그 순간 선수들이 다시 코트에 나왔다.

"경기는 얼마나 걸리죠?"

"두 시간이 채 안 걸려요."

"그때까지 버틸 수 없을 것 같아요."

"그럼 언제든 원할 때 가시면 돼요. 우리는 여기서 즐거운 시간을 보낼 테니까 놔두고요."

나는 자리에서 일어났다가 다시 앉았다. 전체적으로 정신이 흔들린 탓인지 방향 감각도 없었고 뭔가 넋이 나간 듯했다.

"내가 같이 나가 줄게요." 아르수아가가 도움을 제안

했다.

그는 이 체육관에 대해 아주 잘 알고 있었기에 가장 가까운 출입구를 금방 찾을 수 있었다. 터널과도 같은 긴 복도를 따라 걷는 동안 나는 다시 한 번 그의 교육 본능의 제물이 됐다. 그는 계속해서 자기 주장만 늘어놓았다.

"종족성이란 현상은 선사 시대인 알타미라에서 시작됐어요. 당시만 해도 우리 인간의 경우엔 구성원의 숫자도 적었을 뿐만 아니라, 상징적 정체성 역시 제한된 수의 사람들만을 모을 수 있었어요. 고대의 그리스 사람들은 자신들이 그리스 사람이란 사실을 어떻게 알게 됐을까요?"

"글쎄요, 잘 모르겠네요."

"페르시아인들의 침략이 있기 전에는 통합된 그리스가 존재하지 않았고, 작은 도시 국가들로 이뤄진 일종의 분열된 상태로만 존재했죠. 침략자에 맞서 싸워야 했을 때 손익 계산을 한 끝에 공통의 언어와 역사, 즉 공유할 수 있는 역사 그리고 자기들만의 신을 가지고 있다는 것을 고려하게 됐죠. 그리스 사람들은 이 세 가지 재료(언어, 역사, 종교)를 가지고 민족 집단, 즉 국가를 만들었어요."

"바스크 지방의 전통 수프인 푸루살다 요리법보다 더 간단하네요."

출구에 도착하자 아르수아가는 내가 괜찮은지 아니면 택시 타는 데까지 데려다줄지를 물어봤다. 여전히 속이 좀 울렁거렸기 때문에 사실은 데려다주길 바랐지만, 그가 경기를 즐기기 위해 얼른 자리로 돌아가고 싶어 하는 것 같아 그를 놔주었다.

거리로 통하는 문을 나서자 경기장 관리 요원이 나에게 다시 자리로 돌아갈 생각이 있냐고 물었다.

"아뇨! 절대로 아니에요!" 나는 큰소리로 대답했다.

안전한 택시 안에 앉아 나는 왜 이렇게 종족성이 부족한지 궁금했지만, 답은 찾을 수 없었다.


다음 날 고생물학자는 딸의 결혼식을 마치고 SNS에 딸을 데리고 입장하는 모습의 사진을 올렸다. 그는 그 50걸음이 자기 인생에서 가장 감동적인 순간이었다고 이야기했다. 나는 그에게 전화로 축하 인사를 건넸고, 그는 나에게 모든 것이 다 잘 끝났다고 했다.

"정말 우연한 일이었어요. 던바의 수처럼 하객이 딱 150명이었어요. 반은 신랑 쪽 가족이었고, 나머지 반은 신부 쪽 가족이었죠. 내가 선생님을 위싱크 센터 출입구까지 데려다줄 때 이야기했던 것을 혹시 메모해 뒀나요?"

사피엔스의 의식

"그럼요. 집에 도착하자마자 메모해 놨어요. 그런데 누가 이겼어요?"

"레알 마드리드 팀이 마지막 4초를 남기고 1점 차로 이겼어요."

"정말 신났겠네요!"

"선생님은 상상도 못 할 거예요. 내가 설명했던 것 중에서 가장 핵심이자 가장 중요한 것을 잘 기억해 두세요. 종족성은 자연 집단의 크기를 몇 배로, 믿기 어려울 정도로 키우기도 해요. 전혀 모르는 사람까지도, 평생 한 번도 본 적이 없고 앞으로도 볼 일이 없는 사람까지도 끌어들이거든요. 그런데도 피부색, 사상, 감정, 공통된 관심사 등을 토대로 하나로 묶였다는 느낌을 받거든요."

"맞아요! 그렇지만 어제는 이 모든 것을 생각해 보니 우리 인간이 상징적 사고를 정복했는지 아니면 상징적 사고에 식민화됐는지가 궁금해요."

"나도 잘 모르겠어요. 모든 것에 답이 있는 것은 아니니까요. 사실 우리는 상징적 사고를 가지고 있어요. 선생님처럼 말이 없는 사람은 식민화됐을 테고, 나처럼 개방적인 성격의 사람들은 정복했을 수 있죠."

"음…"

"이 책을 프루스트와 해마에 대한 이야기로 시작했던 것 기억하세요?"

"물론이죠."

"뇌의 해마는 해마(海馬)와 비슷한 뇌 구조를 가지고 있어요. 바로 여기에서 해마라는 이름이 붙은 거죠."

"해마가 어디 있다고 했죠?"

"뇌 안쪽, 한가운데 가까이 있어요. 두 개의 반구 사이에 분포되어 있어요."

"이 부분에 해당하는 이름이 있나요?"

"내측 측두엽요. 어디 있는지 확인했어요?"

나는 내 뇌를 생각하며, 마음속으로 그 부분을 여행했다. 회색 물질의 대양 한가운데에 있는 해마의 움직임을 느낀 것 같다는 암시를 나에게 주었다. 나는 그 느낌에 소름이 돋았다.

"그런데요. 해마가 에피소드에 가까운 기억 형성에 아주 중요한 역할을 하는 것처럼 보여요. 혹시 이 자리에서 어렸을 적 추억을 하나 이야기해 줄 수 있어요?" 아르수아가가 말을 이어 갔다.

해마가 움직였다.

"물론이죠. 내가 아마 네다섯 살 먹었을 때예요. 우리 집

엔 사방에 흔적을 남기고 다니는 생쥐 한 마리가 있었는데
요. 아버지는 그 쥐를 잡지 못했죠. 우리는 그 쥐의 흔적을
쫓는데 하루를 꼬박 보냈어요. 쥐똥, 먹다 만 빵이나 비스
킷 부스러기, 한밤중의 소리 등을요. 그런데 정말 숨는 데
는 탁월한 재주를 가졌어요. 어느 날 아버지는 진공관식
라디오 안에 있는 쥐를 발견했죠. 그 시대 라디오가 다 그
렇듯이 엄청나게 컸거든요. 아마 진공관의 열기 때문에 그
곳에 숨어 있었던 것 같아요. 아버지는 쥐 꼬리를 잡아 공
중으로 쳐들고 의기양양하게 우리에게 보여 줬죠. 그 쥐는
동화책 삽화에서 봤던 이빨 요정인 생쥐 페레스와 정말 똑
같았어요. 아버지는 바로 쥐를 빈 담배 케이스에 담은 다
음, 그것을 물이 가득 든 통에 집어넣었어요. 익사할 때까
지 그대로 놔뒀죠. 담배 케이스가 얼마나 요동을 쳤는지
지금도 기억이 나요. 시간이 지나면서 점차 잠잠해졌어요
마치 끈이 다 풀린 장난감처럼요."

"그러니까 아버님이 선생님 앞에서 그런 식으로 익사시
켰다는 거예요?"

"나와 우리 형제들 앞에서요. 그때는 아버지가 이빨 요
정인 생쥐 페레스를 익사시켰다고 확신했어요. 동화 속 쥐
와 너무 똑같았거든요. 그래서 학교뿐만 아니라 어디에서

도 감히 그 이야기를 꺼내지 못했어요. 경찰이 우리 집에 와서 모두를 잡아갈까 봐서요. 그 이후로 이빨 요정이 우리 부모님이 됐죠. 아버지가 보편적인 상징이었던 진짜 요정을 죽였으니까요."

"좋아요. 그러면 여기 에피소드에 가까운 기억이 있어요. 방금 선생님이 이야기한 것처럼, 그 일이 일어났던 시공간적 맥락에 대해 엄청나게 많은 양의 세세한 정보까지 담아내는 기억이요. 이런 기억은 우리 인간만이 가지고 있는 것으로 의식(conciencia)이나 자기의식(autoconciencia)과 아주 밀접한 관계를 가지고 있어요. 이런 것은 결국 언어가 없으면 불가능해요."

"자기의식과 언어 그리고 한 걸음 더 나아가서 상징적 사고는 어떤 식으로 서로 연결되어 있나요?"

"우린 아직 그것까진 몰라요. 그들 사이의 연관성에 대해선 아는 것이 없어요. 서로 분리되어 있진 않다는 것을 제외하면요. 언어라는 것이 상징을 통한 의사소통의 한 방법이라는 것을 잘 기억하실 거예요. 상징이란 그것을 만든 언어 공동체에서만 접근할 수 있는, 의미를 지닌 임의의 기호인 셈이에요. 여기까진 이해할 수 있죠?"

"그럼요."

사피엔스의 의식

"높다/낮다, 전진한다/후퇴한다, 오른쪽/왼쪽, 앞/뒤와 같은 이분법에 대해 한번 생각해 보세요. 공간이나 물리적인 세계와 연결해서 봐야 할 메타포는 보편적이죠. 모든 언어가 공간 속에서 우리의 위치 혹은 사물의 본성과 연결해서 봐야 할 것들에 관해선 똑같은 메타포를 사용해요. 바로 여기에서 우리는 보편 언어와 비슷한 뭔가를 가질 수 있는 거예요. 반대로 상징은 지역적이라는 성격이 있어요. 리처드 도킨스는 이런 종류의 문화적 요소를 밈이라고 부르죠. 사람들 사이에서 모방을 통해 복제되고 전파되는 문화적 요소를 말이에요. 그런데 이것은 생물학적으로 복제되고 전파되는 유전자와 비슷한 형태를 띠고 있어요."

"나는 밈이라는 용어가 인터넷과 함께 만들어졌다고 믿고 있었어요."

"이 용어는 리처드 도킨스가 1976년《이기적 유전자》라는 책에서 처음 사용한 용어예요. 문제는 인터넷이 이런 유형의 반론에 특화된 매체라는 거죠. 그래서 디지털 문화와 밀접한 관계가 있는 거예요. 이러한 밈 혹은 모방은 한 사람의 뇌에서 다른 사람의 뇌로 옮겨가 우리가 피할 겨를도 주지 않고 집단의 뇌를 식민화시킵니다. 그리고 공간에서의 신체 위치와 관련된 밈을 우리는 계속해서 사용하죠.

왼쪽 혹은 오른쪽에 있는, 아니면 앞이나 뒤, 위나 아래에 있는 누군가에 관해 이야기할 때 공간 안에서의 그 사람의 위치를 이야기할 수도 있지만, 우리는 그 사람의 사회적 위치를 언급할 경우가 더 많아요."

"맞아요!"

"'엄격한(duro)/관대한(blando)'과 같은 이중성에서도 똑같은 일이 일어나요. 미국의 한 연구에서 실험 대상자들은 '엄격한'을 공화당, 남성, 과학에 연결했고, '관대한'을 민주당, 여성, 인문학에 연결하는 것으로 나타났어요."

"저널리즘에서 사용하는 용어에선 문화나 사회면을 신문에선 부드러운 부분으로 칭하는 것 같아요."

"바로 그거예요. 과학계에선 물리 법칙이 결정론적인 특징이 있어서 물리학을 엄격하다고 하는 반면, 생물학은 모든 법칙이 확률적이니까 부드러운 원칙을 가지고 있다고 해요. 바로 여기에 장점이 있어요. '단단하거나 엄격한 것'을 메타포로 사용하면 뇌에서 촉각과 연결된 부분이 활성화되죠. 예를 들어, '무지는 발로 차 버려야 한다'라고 말하면, 뇌 중에서 실제로 사물을 발로 차는 것과 연결된 부분이 활성화되죠. 종일 사용한 신체와 연결된 공간적인 의미를 담은 메타포의 목록을 만들면, 그 목록은 쉽게 마무리 짓지 못할 거예요. 그러니까 각각의 메타포는 하나의 문화적인 단위, 즉 밈을 만들죠. 그리고 이것은 생물학에서 유전자가 복제되는 것과 아주 유사하게 우리 뇌에서 복제가 돼요."

"그러니까요."

"30분 후에 모임이 있어서 여기까지만 해야 할 것 같아요." 아르수아가가 한마디를 더했다. "선생님 때문에 준비를 못 했거든요. 하지만 이번 대화가 우리가 하는 일이 절대로 의미 없는 일이 아니라는 사실을 깨닫는 데 뭔가 유용한 역할을 했으면 좋겠어요. 프루스트에서 시작해서 결국은 에피소드 성격의 기억에 관한 이야기로 돌아갈 거예요."

"하나 더 있어요. 자아가 결여된 에피소드 성격의 기억도 있을 수 있을까요?"

"아뇨. 그래서 대부분 두 살 이전에 일어났던 것은 아무것도 기억을 못 하는 거예요."

"당신 손자는 거울 속 자신을 알아보나요?"

"아직은요. 그렇지만 손가락으로 주의를 끄는 물건을 가리키긴 해요. 이것에 대해서도 적어 놓으세요. 손가락으로 뭘 가리키는 유일한 종이라는 것도 굉장히 재미있는 사실

이거든요."

"그러면 당신의 손자는 이제 자아에 의해 식민화되는 지점에 온 겁니까?"

"자아를 정복하려는 것일지도 모르죠. 언제나 자기 물레방아에만 물을 대려고는 하지 마세요."

"하나 더 있어요."

"이젠 안 돼요."

"하나만 더 할게요. 약속해요."

"이야기해 보세요."

"상징적 능력은 점차 출현한 것인가요, 아니면 계시처럼 한 개인에게 갑자기 나타나 다른 사람들에게 전파된 것인가요?"

"혹시라도 화성인이 우리에게 그런 능력을 이식했다고 은근히 암시하는 것이라면 당장 전화를 끊겠습니다."

"화성인이 그랬는지, 누가 그랬는지 나는 잘 모르겠는데요. 지금까지 존재했고 지금도 존재하고 있는 수십 억 종 중에서 유일하게 우리만 공격했다는 것이 너무 흥미롭네요. 정말 특이하단 생각이 들거든요."

"글쎄요. 이것으로 이제 끝내기로 하지요. 우리는 알 수 없으니까요. 누군가에겐 점진적인 과정의 결과일 테고, 다른 사람들에겐 우리를 갑자기 또 다른 차원의 현실 속으로 들어가게 한 신경 돌연변이의 결과일 수도 있죠. 어떤 경우든 두 가지 해결책 모두 매우 발달한 뇌가 필요했어요. 그러나 아주 복잡한 문제가 있어요. 고생물학에서뿐만 아니라 신경과학에서도 해결되지 않은 문제가요. 그래서 나는 우리 대화가 답보다는 질문으로 끝나는 것이 더 좋아요. 몸조심하세요."

# 실존의 위기

그는 동의하지 않을지 모르겠지만, 책을 즐기는 것만큼이나 자연으로의 여행을 즐기고, 맛있는 음식만큼이나 농구 경기를 즐기는 쾌락주의자 아르수아가의 내면에는, 정보를 처리하는 능력으로서의 지능과 알고 있는 정보나 사실을 의미하는 지식의 한계에 필사적으로 매달리는 과학자가 동시에 살고 있다고 생각한다. 인생의 축제라고 부르는 것은 절대로 포기할 생각이 없는 행복한 사람과 괴로움에 빠진 과학자가 그의 내면에서 함께 어우러져 있었다. 절망과 행복을 나누는 경계에는 구멍이 숭숭 뚫려 있어서 가끔은 절망하는 사람으로, 가끔은 행복한 과학자로 소개하는 것도 이상한 일은 아니다. 2023년 11월 29일 종일토록 이

사피엔스의 의식

에 대해 많은 생각을 했는데, 그러자 시간은 다음과 같이 흘러갔다.

우리는 수요일 오전 9시에 그의 집 현관에서 만났다. 이젠 우리 책의 마지막 한 장만 채우면 됐기 때문에, 우리가 언제나 여행을 떠날 때마다 그랬던 것처럼 이번이 마지막일 것이라고 생각했다. 조금 전 길모퉁이 카페에서 산 커피를 가지고 그를 기다렸다. 그는 커피를 받으며 감사 인사를 했는데, 우유가 들었다는 이유로 마시기를 거절했다.

"언제나 우유가 든 것을 가져왔었는데요." 내가 말을 꺼냈다.

"그렇지만 나는 이제 유당 불내증이 있는 걸로 할래요." 그는 웃으며 대답했다.

"그래서요?"

"사람들한테 호감을 얻으려면 뭔가 특별한 것이 있어야 해요." 그는 느긋한 말투로 이야기했다. "모두가 선생님이 굉장히 친절하다고 말하는데 그 이유를 아세요?"

"아뇨."

"선생님은 라디오에 출연하면 자기 병에 대해 이야기하기 때문이에요. 이것이 바로 사람들이 선생님을 좋아하게 만든 비결인 셈이죠. 언제나 아프다는 것이요."

"언제나 아픈 것은 아닌데요."

"그런 인상을 줬다는 거죠."

우리는 조금 멀리 떨어진 곳에 주차된 그의 차 쪽으로 걸어갔다.

"선생님 집엔 차고가 있나요?"

"네!"

"우리 집엔 없어요. 선생님은 아프긴 한데 차고는 가지고 있네요."

"당신에게 차고가 없는 것은 그것을 원치 않았기 때문이에요. 게다가 건강을 지키길 원했던 것도 이유가 될 수 있고요. 그래서 나도 차고를 거의 이용하지 않아요."

마드리드에는 밤새 비가 억수로 쏟아졌다. 지붕에선 여전히 빗방울이 떨어지고 있었고, 하늘은 계속해서 거의 검은색에 가까운 어두운 구름으로 덮여 있었다. 이 때문에 주변은 무겁게 가라앉은 분위기였다. 정신적으로 짙은 안개에 빠진 채 잠에서 깨어난 탓인지 어디 아픈 것도 아닌데 사물들의 윤곽(아니 생각의 윤곽이었는지도 모른다)이 확연하게 구별이 되지 않았다. 기온은 8도였지만 바람이 사납게 불어서인지 더 낮게만 느껴졌고, 옷 사이를 파고들어 뼛속까지 시렸다.

　　　　　　　사피엔스의 의식

나는 닛산 주크에 올라 아르수아가 몫의 커피까지 마신 다음, 용기는 변속 레버 뒤에 있는 컵홀더에 꽂아 놓았다.

우리의 만남은 언제나 아이러니와 유머 사이를 오가며 발전해 왔지만, 그날 아침 만나자마자 주고받은 농담 아래 무시무시한 폭풍우가 숨어 있음을 느꼈다.

"어디 가죠?"

"세고비아요. 아기를 먹으려고요."

교통 체증으로 인해 마드리드를 빠져나가는 데 너무 애를 먹었다. 그래서 터널을 피해 나바세라다 고갯길 쪽으로 방향을 잡았다. 마지막 주택 단지를 지나자마자 손만 뻗으면 닿을 듯한 어두운 구름이 하늘을 덮고 있는 가운데, 자동차 왼쪽으로 느리게 움직이며 풀을 뜯고 있는 말들이 눈에 들어왔다.

"동물들은 다른 동물들의 존재에 대해선 잘 알지만 자기에 대해선 모른다는 사실이 너무 놀랍지 않나요?" 고생물학자가 질문을 던졌다.

"다른 사람들에 대해선 시시콜콜하게 알면서 자기 자신에 대해선 아는 것이 전혀 없는 사람들도 많아요."

"선생님, 엉뚱한 데로 새지 마세요. 인간의 심리는 별도로 이야기하고요. 말은 다른 말들이 있다는 사실은 알면서도 정작 자기 자신에 대해선 전혀 자각하지 못한다는 것은 그 자체가 머리를 복잡하게 만드는 문제죠."

바로 여기에서, 다시 말해 너무 쉽게 표현한 역설적인 이야기에서 나는 아르수아가 뭔가 노여움 때문에 불편하단 사실을 깨달았다. 그렇다고 그 노여움이 보통 사람에 대한 것인지, 아니면 과학자에 대한 것인지 명확하게 알 수 없었다. '뭔가 문제가 있는 것 같긴 하네'라는 생각이 들었다. 한편으론 그의 이야기가 맞다는 생각도 들었다. 다른 존재에 대해선 잘 알면서 자기 자신에 대해선 전혀 의식하지 못하는 존재가 있음을 안다는 것 자체가 불편하고 불안한 일이었다. 당신 역시 다른 사람들에겐 타인이란 사실을 무시하는 것과 같다.

"우리 손자는 아직도 거울 속 자기 자신을 알아보지 못해요." 고생물학자가 말을 이어 갔다. "아직은 자아가 없는 거죠. 그런데도 할머니는 얼싸안으려고 하죠(나보다는 할머니를 좋아하는 것이 분명해요). 자기 자신의 존재에 대해선 모르면서 할머니가 존재한다는 사실은 잘 알고 있는 거죠."

"자기 자신에 대한 기억이 부족한 거죠."

"이것이 선생님과 나의 관심사에서 가장 핵심적인 문제예요. 다시 말해 자의식, 의식, 신의 강림…"

사피엔스의 의식

"아, 참. 당신이 기억에 관해 추천한 책을 거의 다 읽어가요."

"어떤 책요?"

"베로니카 오킨*의 《기억의 시장(El bazar de la memoria)》이요. 기억을 구성하는 세 축, 즉 시간과 공간 그리고 사람에 관한 이야기를 담고 있더군요."

"맞아요. 나에게 들려줬던 선생님의 아버지와 쥐에 대한 기억에는 아버지(사람, 그리고 분명히 쥐도 나오죠), 발렌시아(공간), 시간(네 살이나 다섯 살 먹었을 때)이 나오죠."

"초기 원인(猿人)들도 자기 자신에 대한 의식이 있었을까요?"

"침팬지들과 별반 다르지 않았을 거예요. 사실 우리는 침팬지에서 자의식의 징후를 엿볼 수 있거든요."

"오킨의 책에는 침팬지의 얼굴에 붉은 줄을 그리고 거울 앞에 세웠더니, 거울이 아닌 얼굴의 붉은 줄을 만진다는 실험 이야기가 나와요. 여기에서 자아에 대해 뭔가가 있다

---

* 아일랜드 더블린 트리니티 칼리지 정신건강의학과 교수이자 신경학자. 우리가 살아가는 모든 순간 뇌에서 어떤 일이 일어나는지 연구하는 데 많은 시간을 쏟았다.

는 것을 알 수 있지 않을까요?"

"맞아요. 그 단계까지 가려면 엄청나게 많은 시간이 필요해요. 그렇지만 결국엔 도달해요. 그래서 침팬지가 자의식의 초기 단계에 있다고 했던 거예요. 까마귀도 마찬가지고요."

"나에겐 우리 어른들이 아이들에게 자아를 소개하는 것인지, 아니면 자아가 아이들 내면에서 스스로 자라나는 것인지가 궁금해요. 그것도 아니면 이 두 가지가 섞여 있을 수도 있는 것 같아요."

"계속 그 주장을 하는군요. 그렇지만 정신은 집단적인 성격이 있다고 믿고 있어요. 선생님의 정신은 선생님만의 것이 아니에요. 선생님이 속한 언어 공동체의 것이지요. 정신은 집단적인 성격을 가지고 있으니까요. 한 집단에 속한 구성원들은 대부분 비슷한 생각을 해요. 시간의 흐름에 따라 바뀔 수도 있고 그렇지 않을 수도 있는 생각이나, 개념, 금기 등을 공유하죠. 예를 들어, 스페인에서는 동성애에 대한 시각이 바뀌었어요. 더 이상 조롱의 대상이 아니죠. 그리고 코맹맹이를 대상으로 한 농담도 더는 재미있지도 않고요."

"스페인 부총리였던 알폰소 게라가 동성애자와 난쟁이

에 대해 농담을 할 수 없다고 심하게 불평하는 텔레비전 프로그램을 봤어요?"

"아뇨."

"말 그대로 SNS에 불이 났어요. 끔찍했죠."

"놀랍진 않네요."

"그렇지만 마음이 집단적인 성격이 있다는 것은… 잘 모르겠는데 가끔은 강한 개성이 있다는 말을 듣는 사람도 있는데, 정말 강한 개별성을 가졌다고 말하는 것과 비슷한 것 아닐까요?"

"그 표현은 우리가 조금 있다 논의하게 될 주관적인 분야의 문제를 가리키는 데 주로 사용하죠."

차는 부드럽게 고갯마루로 올라갔다. 그곳엔 차가 거의 없었다. 우리 눈앞에 살아있는 뱀처럼 구불구불 펼쳐져 있는 검은 아스팔트 길을 사실상 혼자서 미끄러지듯 올라가고 있었다. 이 높이까지 올라오니 풍경도 가을로 바뀌어 있었다. 지면을 어루만지는 듯한 인상의 엄청나게 많은 나뭇잎이 대지를 뒤덮고 있었다. 뭔가를 잃어버린 초목의 손 같다는 생각이 들었다. 아직도 몇몇 나뭇잎은 금방이라도 끊어질 것만 같은 가는 나뭇잎 자루에 매달린 채 나무에 붙어 있으며, 갈색에서 노란색으로, 그리고 보라색과 주홍색으로 색을 바꾸며 다양한 색조를 세상 사람들에게 보여 주고 있었다. 나뭇잎의 알록달록한 색을 띤 절규는 곧 밀어닥칠 몰락을 알리고 있었다. 그렇지만 패배와는 거리가 먼 몰락으로, 오히려 교향악의 복잡함을 상기시키고 있었다.

"우리는 고개를 넘어왔어요." 아르수아가가 갑자기 끼어들었다. "이 멋진 풍경을 즐기기 위해서요. 이런 것이 존재한다는 것 자체가 정말 믿기 힘들어요. 게다가 선생님과 나 단둘이서 즐기고 있잖아요. 단풍나무 색 좀 보세요. 단풍나무의 나뭇잎은 지기 전에 붉게 물들죠. 여기 산맥 경사면엔 단풍나무가 정말 많아요."

우리는 다양한 농도의 하얀 안개 속을 가로질러 갔는데, 안개는 축제에서 마녀 기차가 터널에 들어가고 나올 때마다 장난을 치는 듯한 효과를 만들고 있었다. 어떤 때는 안개가 너무 짙어 거의 기어가다시피 했다. 그런 상황에 놓이면 신경이 곤두서기도 했지만, 한편으론 재미도 있었다. 불안감과 웃음이 뒤섞여 아이들을 너무너무 행복하게 만들었던 상황과 비슷했다.

"이것은 수요일에 학교에서 도망칠 때마다 겪는 일이에요." 아르수아가가 강조했다.

고갯마루에서 내려오기 시작하자 갑자기 안개가 씻은 듯

사피엔스의 의식

이 사라지고 지나치다 싶을 정도로 밝아졌다. 햇빛이 촉촉하게 젖은 아스팔트와 우리를 둘러싼 다양한 꽃과 나무들에서 반사됐다. 솔잎은 은빛 침처럼 빛이 났다. 눈이 멀 것만 같은 강한 햇빛에 우리는 눈을 반쯤 감아야 했다.

"젠장!" 나도 모르게 욕이 튀어나왔다. "선글라스를 안 가져왔는데!"

"나도 마찬가지예요." 아르수아가도 후회하고 있었다. "거짓말 같아요. 마드리드에 있을 때까지만 해도 날이 어두웠는데."

우리 눈이 밝은 햇살에 적응이 되자 숲 전체가, 그리고 한 그루 한 그루의 나무들이 모두 환각을 불러일으킬 것만 같았다. 우리는 슬로비디오를 돌리듯이 아주 천천히 내려갔다. 자연 한가운데로 좁은 띠처럼 펼쳐진 아스팔트를 따라 혼자서 달리고 있었다. 가을 풍경이 선물한 경이로움에 우리는 웃음이 절로 나왔다. 손이 닿을 듯한 거리에 있었음에도 이런 풍경에 젖어 본 적이 거의 없는 것 같았다.

"여기서 소변 보고 싶지 않으세요?"

"좋아요. 안 될 것도 없죠."

도로가 좁고 도로변도 없었기 때문에 고생물학자는 겨우 차의 절반만 협곡을 향해 위험스럽게 기울어진 아스팔트 바깥쪽에 걸쳐 놓았다.

(포유류의 본능 중 하나로) 우리는 각자 나무를 선택한 다음 소변을 봤다. 우리가 풀잎에 젖은 신발을 신고 이 비옥한 자연 한가운데에서 하는 일이 어쩌면 생리적 성격의 단순한 배설이라기보다는 일종의 기도라는 생각이 들었다. 소변이 소나무 밑둥을 두드리는 동안 가슴 깊숙이 밤의 물기를 머금고 있는 공기를 한껏 받아들였고, 공기 일부가 허파꽈리에 도달해 얇은 막을 뚫고 모세혈관으로 들어가는 것을, 그리고 여기에서부터 시작하여 산소가 내 몸의 가장 먼 곳까지 나아가는 것을 느낄 수 있었다. 나는 믿기 힘들었다. 교환이, 다시 말해 내가 땅에 준 것과 땅이 나에게 되돌려 준 것 사이에서 교환이 이뤄지고 있었다. 차로 돌아오는 길에 이런 감정들을 은근히 시사하자 고생물학자는 담배라도 한 대 피웠는지 물었다. 그러면서도 그 역시 뭔가 도취된 듯한 표정이었다. 출발한 지 얼마 되지 않아 심각한 표정을 지은 채 앞만 바라보며 이렇게 이야기했다.

"나쁜 소식이 하나 있어요."

"무슨 일인데요?"

"정신과 뇌의 갈등에선 우리는 서로를 이해할 수 없어요. 선생님은 정신이라고 말하는 것을 나는 계속해서 뇌라

사피엔스의 의식

고 이야기할 테고, 선생님은 계속해서 내가 뇌라고 말하는 것을 정신이라고 이야기할 거예요."

"그렇지만 당신도 정신이라는 단어를 자주 사용하잖아요."

"수사적인 의미에서죠. 언제나 수사적인 의미에서예요. 과학의 보편화를 위해 과학자들에겐 메타포를 이용하는 것 외에는 달리 방법이 없어요. 이 책을 시작할 때 로드리고 키안을 소개해 줬던 것 기억하세요?"

"물론이죠. 제니퍼 애니스톤의 뉴런 연구자잖아요. 실험 지원자들에게 여자 배우나 아니면 여자 배우와 관련된 사람이나 물건을 보여 줬을 때만 해마 세포가 활성화된다는 것을 발견한 과학자죠."

"그런데 그 사람이 선생님에게 말하고 싶었던 것을 아직 이해하지 못하고 있어요. 선생님은 그에게 화가 난 것이 틀림없어요."

"그에게 화는 나지 않았는데, 그는 마치 뇌와 정신이 똑같은 것인 양 이야기하고 있다는 인상을 받았어요. 그래서 그에게 똑같다고 생각하는지를 물어봤던 거예요."

"그러고는요?"

"그의 대답이 좀 거칠었다고 말하고 싶어요. 그는 동의

한다는 말을 전혀 하지 않았어요. 똑똑히 기억하고 있는데요. '사실 같은 거예요. 이걸 유물론이라고 하죠'라고 지나치게 독선적인 투로 이야기했었죠. 마치 유물론에 독점권이라도 있는 듯이, 그리고 별 볼 일 없는 유심론자를 대하듯이 말이에요. 그렇지만 나 역시 유물론자라고 생각하고 있었어요. 그런데 언젠가 당신에게 이야기했던 적이 있듯이 담즙과 간이 같다고는 생각하지 않거든요. 미켈란젤로가 피에타를 만들었던 대리석과 조각상이 똑같은 것이라고 할 수 없는 것처럼요. 물론 간이 없으면 담즙도 없다는 것도, 그리고 대리석이 없으면 피에타 상도 있을 수 없다는 것도 인정해요. 그리고 뇌가 없으면 정신도 없을 거예요. 그렇지만…"

아르수아가는 뭔가 아이러니하면서도 옛 생각에 젖은 듯한 웃음을 지으며 나를 바라보았다. 이번엔 몸짓으로 우리는 서로를 이해할 방법이 없으며 우리 관계가 갈 수 있는 데까지 갔다고, 다시 말해 더는 줄 것이 없다고 이야기하는 것 같았다.

"우리는 뇌와 정신을 가리킬 수 있는 공통된 단어가 없어요. 내가 해마라고 하면 선생님은 기억이라고 말하니까요."

"우리가 뇌에 대해 이야기할 때 활용하는 단어가, 뇌가 만들어 낸 것을 지칭할 때 사용하는 단어와는 다르다는 사실을 지적하고 싶은 건가요?"

"우리는 서로 다른 언어를 사용하고 있어요." 그가 반복적으로 이야기했다. "서로 소통하지 못하고 있다는 사실이 너무나 확실해요. 예를 들어, 내가 뉴런이나 축삭 돌기를 언급하면 선생님은 계속해서 기억이나 공황 발작을 고집하니까요."

"그러니까…"

"잠깐만요. 주차 좀 하고요."

우리는 세고비아에 도착했다. 엄청난 규모의 화강암 덩어리로 만든 수도교가 눈앞에 갑자기 나타난 덕에 우리는 잠시 침묵을 지켰고, 이것은 일종의 휴전을 알리는 신호가 됐다. 각자 자기 계산에서 토론을 미루기로 결정한 것 같았다. 그렇지만 우리 기분은, 아니 최소한 나의 기분은 이번 만남을 규정하고 있는 작별의 분위기 때문에 조금은 어두워졌다. 아르수아가와 나는 친구가 될 수는 없었다. 그렇다고 적이 된 것도 아니었다. 그는 단 한 번도 우리 집에 온 적이 없으며 나 역시 그의 집에 머물러 본 적이 없었다. 인터뷰할 때는 우리가 친구 비슷한 관계라고 이야기했지만 정확하게 그것이 뭔가는 모르고 있었다. 내가 나 자신에게 묻고 있었던 질문이자 그도 그 자신에게 똑같이 하고 있었을 질문은, 우리가 쓰려고 계획한, 의식에 대한 마지막 장으로 막을 내릴 이 3부작을 끝낸 뒤에도 계속해서 만날 이유를 과연 찾을 수 있을까 하는 것이었다. 아마 아닐 것이다. 우리는 이유를 찾지 못할 것이고, 이것은 최소한 나에겐 엄청난 상실감으로 다가올 것이다. 이 상실감이란 감정은 뇌의 어떤 부분에 저장되어 있는지 그에게 묻고 싶었다. 그리고 만일 이런 감정이 유형의 물질이라면 뇌를 열고 그것을 끄집어내서 나에게 보여 줄 수 있는 사람이 있는지도 묻고 싶었다.

우리는 '죽은 여인'의 몸을 가장 잘 볼 수 있는 전망대까지 입을 다물고 조용히 올라갔다. 사실 이는 과다라마 산맥의 지형을 가리키는 말로 이런 식의 이름이 붙은 것은, 각도를 잘 잡고 보면 마치 여인이 길게 누워 있는 것처럼 보이는 실루엣 때문이었다. 젊은 가이드가 영어로 한 무리의 여행객에게 이 이상하게 생긴 바위 지형에 '죽은 여인'이라는 이름을 안겨 준 전설에 관해 설명하고 있었다. 여행객들이 물러나자 우리는 전망대의 난간 쪽으로 다가갔다. 돌로 만들어진 '죽은 여인'을 지켜보던 중 이번엔 고생

사피엔스의 의식

물학자가 입을 열었다.

"인류 역사에서 세상이 생기를 되찾고 정령과 영혼으로 가득 찼던, 그리고 주변 풍경이 인간들에게 말을 걸어왔던 때가 있었어요. 아마 후기 구석기 시대 정도로 초기 예술 작품이 나타나기 시작했죠. 영토, 풍경, 지평선 등이 뭔가 초월적이고 신성한, 다시 말해 색다른 것이 됐고, 주변 환경이 우리에게 자기들의 삶과 이야기를 들려주기 시작했어요. 인간이란 존재가 가장 영광스러웠던 순간이었어요. 동물들 대부분이 후각밖엔 없었기 때문에 사물의 형태를 볼 수 없었죠. 영장류만 시각을 가지고 있었죠."

"영장류들은 풍경 속에서 세상에 대한 설명을 구하려고 했겠네요." 나도 용기를 내 입을 열었다.

"아무것도 찾지 못했을 거라고 믿진 않아요. 그렇지만 주변이 들려주는 이야기밖엔 듣지 못했을 거예요. 인간 정신에만 있는 아주 흥미롭고 배타적인 현상이 나타났어요. 그것이 바로 파레이돌리아(pareidolia)\*죠. 이것은, 간단하게

---

\* 형태가 없거나 모호한 시각적 형태에서 명확하게 식별이 되는 패턴이나 모양을 추출하려는 심리, 또는 그러한 심리에서 비롯된 일종의 착시 현상을 의미한다.

말하면 구름이나 바위 그리고 이끼 등의 모든 곳에서 우리에게 친숙한 얼굴이나 모양을 찾아내고자 하는 망상이라고도 할 수 있어요."

"우리가 보고 있는 것에 의미를 부여하려는 것 아닐까요?"

"그럴 수도 있지만 잘 모르겠어요. 이런 현상은 호모 사피엔스에 와서 나타나요. 극단적인 수준에선 병으로 볼 수도 있지만, 경미한 경우엔 보편적인 것으로 볼 수 있어요. 우리 누구에게나 나타나는 현상이죠."

"화장실 타일에서 나는 종종 삼촌의 얼굴을 봐요. 조금은 비틀어지고, 머리카락은 타오르듯이 곤두서 있을 뿐만 아니라 뭉크의 '절규'에 등장하는 인물처럼 입을 벌리고 있었지만 말이에요. 나에게 도움을 요청하는 것 같아서 그때마다 정말 당황했어요. 삼촌의 얼굴이 보이는 날도 있고 그렇지 않은 날도 있죠."

"타일을 바꾸세요." 아르수아가는 나에게 충고를 건넸다. "파레이돌리아는 그리스어의 '옆'이나 '곁에 있다'라는 것을 의미하는 'para'와 '이미지' '우상' 등을 의미하는 'eidolon'의 합성어예요. 그러니까 다른 사물과 비슷하거나 유사한 형태를 찾으려는 현상이죠."

"현실에 우연히 나타난 요소에서 패턴을 찾으면 결국 이

성을 잃게 될 수 있어요. 수학자들에게도 이런 일이 자주 일어나죠. 안 그래요? 노벨상을 받았던 존 내시가 생각났어요. 그의 전기인 《뷰티풀 마인드》를 읽은 다음 영화도 봤는데 그렇게 나쁘진 않았어요. 그는 신문의 분류 광고와 뉴스에 감춰진 메시지를 찾기 시작하면서 미쳐 버렸죠."

"기억이 나요. 이슬람교에선 우상을 금지하고 있어요. 신의 절대적 유일성과 신을 표현하고자 하는 이미지 혹은 우상에 대한 경배는 양립할 수 없다고 보기 때문이죠."

"성상 파괴주의죠." 내가 한마디로 정리했다.

"문자적으로 보자면 '우상을 파괴하는 것'을 의미해요. 미야스 선생님, 이제 그만 우리가 이야기하던 것으로 돌아가기로 합시다. 인간만이 가지고 있는 이 유일한 능력, 즉 벽의 얼룩이나 화장실 타일, 구름에서 얼굴이나 얼굴 표정 그리고 동물 등을 찾아내는 이 능력은 풍경이 활력을 되찾고, 영혼이 기운을 내 우리에게 이야기를 들려줄 수 있게 하는 거예요."

전망대를 떠나 우리는 유대인 거주 지역을 닥치는 대로 돌아다니며, 침묵을 지키기도 하고, 이것저것에 대해 진부한 이야기를 하기도 했다. 실제로 우리를 이곳까지 데려온 문제에 직면할 용기가 없었던 것일지도 모른다. 가을 끝자락, 태양은 하늘로 오르며 우리의 외투를 헤치고 차가워진 마음을 덥혀 줄 따뜻한 온기를 건네줬다. 우리 두 사람 모두 정신/뇌의 이분법에 관한 대화를 마무리하지 못한 채 남겨 뒀다는 생각에, 그래서 당연히 언젠가는 다시 꺼내야 한다는 생각에 짓눌리고 있었다.

그러는 동안 고생물학자는 거미줄처럼 엮어진 골목 한 모퉁이에서 잠시 걸음을 멈추더니 러디어드 키플링*의 《바로 그 이야기(Just so stories)》를 읽었는지 물어봤다.

"잘 기억이 나지 않아요."

"한번 읽어 보세요. 아들들에겐 너무 늦었지만, 손자들에겐 유용할 수도 있으니까요. 〈코끼리는 어떻게 긴 코를 얻었을까?〉, 〈고래는 어떻게 수염을 얻었을까?〉, 〈문자는 어떻게 시작되었을까?〉 등의 이야기예요. 정말 뛰어난, 그리고 정말 멋진 작품이죠. 모두 '아들아, 너는 이것을 알아야 한다'라는 문장으로 시작해요. 키플링의 아들은 근시였어요. 그래서 제1차 세계 대전 당시 영국 육군이나 해군에 입대할 수 없었죠. 그래서 아일랜드 경비대에 들어갔고 프랑스의 파드칼레의 참호에서 폭탄에 맞아 숨졌어요. 당시

* 노벨 문학상을 수상한 영국의 작가로 《정글북》으로 잘 알려져 있다.

키플링은 시를 한 편 썼어요. 이 시는 훗날 정말 많이 언급 됐는데, 이런 구절이 있어요. '우리가 왜 죽었는지 묻거든 아버지들에게 속아 이렇게 되었다고 전하시오.'"

"정말 좋은 반전 선언문이네요." 나도 한마디 거들었다. "그런데 이것이 나나 당신에게 무슨 관계가 있죠? 어디로 가고 싶은 거죠?"

"누군가가 과학 이론을 가지고 온다면 사람들은 대개 '이것은 그저 그런 이야기일 뿐이야'라고 말할 거예요. 다시 말해 증명도 되지 않은, 스쳐 지나가는 이야기라고요. 당신을 그렇게 고민에 빠트린 것에 관해 키플링이라면 '인간은 어떻게 자아를 갖게 되었을까?'라고 이야기했을 거예요. 침팬지와 여타 다른 사회성 동물들은 다른 동물들의 마음을 읽으려 노력하죠. 다른 동물들의 행동을 예측하여 자기 멋대로 주무르기 위해선 다른 동물들이 뭘 생각하는지, 상태가 어떤지 알아야 하거든요."

"우리가《루시의 발자국》14장에서 이야기했던 마음 이론이 떠올랐어요."

"그래요. 마음 이론이 있었어요. 바로 이것 때문에 우리가 이렇게 시간을 소비한 거예요. 특히 거짓말을 할 줄 모르는 신체 언어를 통해서 다른 사람의 마음을 읽는다는 것에 말이에요. 내가 했던 선물이 정말 마음에 든다고 말할 수 있어요. 그러나 나는 선생님의 말보다는 선물을 열어 볼 때의 선생님의 표정을 더 믿을 거예요."

"비언어적 의사소통은 거짓말을 하지 않으니까요." 이 주제에 대해 옛날에 읽었던 것이 기억이 떠올라 나도 한마디 거들었다. "그리고 명시적으로 코드화되지 않았기 때문에 위대한 배우가 아니라면 힘들죠."

"다시 키플링으로 돌아갑시다." 아르수아가는 나에게 뭔가를 털어놓을 방법을 찾고 있는 것처럼 보였다. "인간은 어떻게 자아를 찾게 되었을까에 대해 키플링은 어떻게 설명했을까요? '아들아, 말로는 다른 사람을 속일 수 있지만, 몸이나 얼굴로 속이는 것은 정말 어렵다는 것을 알아야해. 슬픈데 기쁜 척하기도, 마음에 드는데 실망한 척하기도 힘들지'라고 했을 거예요."

여러 해 동안 진행한 프로젝트가 이제 끝나간다는 사실이, 우리 두 사람의 마음을 짓누르고 있는데 즐거운 척하는 것 자체가 정말 힘들다는 사실이 머리에 떠올랐다.

"선생님을 내 마음대로 조종하기 위해 선생님이 뭘 생각하고 있는지 알 수 있다면 정말 좋을 거예요." 아르수아가는 상당히 진지한 어조로 말을 이어 갔다. "그렇지만 선생님을 잘 조종하려면 선생님이 나를 어떻게 보고 있나도 잘 알아야 해요. 한마디로 가장 효과가 있는 유일한 방법은 타인이 선생님에게서 뭘 보고 있는가를 알아내는 거예요. 선생님을 제대로 보기 위해선 타인의 입장에서 생각해 봐야한다는 것이죠. 바로 여기에서 자아가 만들어지는 거예요. 타인이라는 거울을 통해 우리 자신을 보기 시작하는 것이죠. 타인의 시선이 우리의 거울인 셈이에요. 내 이미지를 어떻게 다듬을 것인지 알기 위해선 선생님이 나를 어떻게 보는지를 알아야 해요. 그러니 《바로 그 이야기》를 메모해 두세요. 타인의 존재 덕분에 우리의 존재를 발견하게 됩니다. 여기에서 아주 가까운 곳에 마차도의 집이, 그러니까 세고비아에서 학생들을 가르쳤을 때 살았던 하숙집이 있어요. 그런데 식사 시간이 됐기 때문에 혹시라도 선생님에게 저혈당 쇼크가 올지도 모르니까 거기까지 방문할 시간은 없을 것 같네요. 그는 이곳에서 우리에게 금과옥조 같은 유명한 시구절을 썼어요. '네가 보는 눈은 네가 보기 때문에 눈이 아니라, 그 눈이 너를 보기 때문에 눈이다.'*"

고생물학자는 레스토랑에 자리를 예약해 놨는데, 이곳

---

\*     안토니오 마차도의 〈Proverbios y Cantares〉에 나오는 시구절.

에서 내놓는 진흙 접시에 구운 새끼 돼지 요리는 아기를 연상시켰다. 사실 유사성을 강조하는 것은 진부한 이야기 이지만, 이같은 유사성에 불쾌감을 느끼기는커녕 오히려 식욕이 자극받는다는 사실은 여전히 미스테리한 놀라움이 다. 우리는 샐러드, 토레스노*, 구운 새끼 돼지 요리 2인분 그리고 아르수아가가 잘 안다고 했고, 정말 맛이 훌륭했던 와인 '파고 데 카라오베하스'를 주문했다.

요리도 먹고 와인도 한 모금 마셔 몸이 훈훈해지자 우리 는 '안데스의 비극'이라고 알려진 사건이 떠올랐는데, 최근 이를 소재로 후안 안토니오 바요나 감독이 만든 〈눈의 사 회〉가 상영이 되고 있었다. 얼마 후 고생물학자는 나에게 질문을 던졌다.

"우리가 무슨 이야기를 하는지 알고 있나요?"

"그것에 대해선 잘 모르겠어요."

"사물에 관한 이야기가 아니라 카니발리즘 이야기예요. 이렇게 바삭한 껍질과 부드럽고 맛있는 고기를 즐기며 카 니발리즘에 대해 이야기하고 있잖아요."

"우연인가요?"

---

\*    기름에 튀긴 베이컨 스낵. 간식으로 판매되기도 한다.

          사피엔스의 의식

"그럴 수도 있죠."

우리는 잠시 침묵을 지켰다. 구운 새끼 돼지의 연약한 갈비에 붙은 고기를 다 발라 먹는 동안 그날의 만남이 발산했던 황혼의 분위기를 온몸으로 참고 있었다. 마침내 아르수아가가 입을 열었다.

"미야스 선생님, 자 한번 볼까요."

'미야스 선생님, 자 한번 볼까요'라는 말로 입을 열었다. 그러곤 잠시 말을 멈췄다. 아마 나에게 설명하려고 하는 것을 이해할 수 있을지 확신이 없는 것 같다는 생각이 들었다. 결국 와인을 한 잔 비운 다음 말을 이어 갔다.

"뼈까지도 다 먹을 수 있는 이 새끼 돼지는 얼마 전까지만 해도 살아 있었어요. 자의식은 없었지만, 의식은 있었기에 감정도 있었고 고통도 느낄 수 있었죠. 여기엔 인간의 주체성과 관련된 혼란이 있을 수 있어요. 인간의 주체성을 이야기한 것은 동물들 역시 주체성이 있기 때문이죠. 다시 말해, 감정도 있고 고통도 느낀다는 거죠. 각각의 개체가 지닌 독특한 전망을 가지고 세상을 보는 거죠. 동물들은 그 자체로 존재하지만, 문제는 동물들이 그런 사실을 모른다는 거예요. 반면에 우리 인간은 우리가 존재한다는 사실을 잘 알고 있어요. 나는 나를 괴롭히거나 행복하게 하는 것이 나를 괴롭히기도 하고 행복하게 하기도 한다는 사실을 잘 알고 있어요. 감정을 느끼고 고통을 받기도 하는 사람이, 배고픔과 추위를 느끼고 오줌도 싸고 싶은 사람이 바로 '나'라는 사실도요. 선생님도 잘 아시죠?"

"그런 것 같아요."

"가끔 동물의 정신적인 삶과, 꿈을 꿀 때의 인간의 삶을 비교하곤 해요. 꿈을 꿀 때는, 꿈을 꾸는 사람이 선생님이란 사실을 알고 있을까요? 아니면 동물처럼 감정을 느끼거나 고통을 받는 정도로 제한될까요?"

"잘 모르겠네요. 한번 생각해 봐야겠어요."

"꿈을 꾼 사람이 선생님이라는 사실을 잘 모를 거라고 생각해요. 만약 그것을 알았다면 꿈이라는 것도 알았을 거예요. 결론적으로 한번 생각해 보고 나에게 말씀해 주세요. 다시 인간의 주체성 문제로 돌아갑시다. 그렇다고 동물의 주체성을 부정하진 마세요. 사실 우리도 동물들 역시 감정이 있고 고통을 받는다는 사실을 알고 있기에 동물들을 학대하지 않으려고 노력하는 거예요. 우리는 별 후회 없이 자동차를 함부로 쓸 수는 있어요. 자동차는 효율성을 따지는 기계에 불과하니까 감정도 없고 고통을 느끼지도 않죠. 게다가 나를 땅에다 내동댕이쳤다고 그것을 가지고 말을 평가하지도 않죠. 말은 자신이 한 행동에 대해 책임이 없으니까요."

"자아가 없기 때문이죠."

"맞아요. 자아가 없어서 그래요. 손자가 제 몸에 똥을 쌌다고 해서 화를 내진 않아요. 아직은 자기 행동에 책임질 수 있는 나이가 아니니까요. 아직 자아도 없고요. 그렇지만 네 살이 됐는데도 제 몸에 똥을 싼다면 교정을 시도할 겁니다. 이젠 자기 행동에 대해 의식을 할 만하니까요. 여기까진 따라올 수 있죠?"

"네. 그렇지만 어디로 가는지는 잘 모르겠네요."

"어떻게 설명해야 할까요? 자, 이젠 우리는 두 가지 문제에 직면했어요. 하나는 과학의 관점에서 보면 해결이 됐거나 해결을 향해 가고 있어요. 기억이나 감정 등이 어떤 식으로 만들어지는지에 대해 상당히 많이 알고 있죠. 예를 들어, 알츠하이머에 걸리면 어떤 식으로 기억을 잃게 되는지도 잘 알고 있어요. 뇌의 브로카* 영역에 사고가 나서 실어증에 걸린 사람이 적지 않다는 사실도 알고 있어요. 눈

---

\* 뇌의 좌반구 전두엽에 위치해 언어를 생성하고 말하는 기능을 담당하는 부위다. 프랑스의 외과 의사 폴 브로카(Paul Broca)가 발견해 그의 이름을 따서 명명됐다.

에는 이상이 없지만, 뇌의 시각 피질에 손상을 입어 실명하게 된 사람이 있다는 것도 알고 있고요. 중심 소엽이 제거되거나 손상을 입으면 사람들이 수동적으로 된다는 사실도 알죠. 두 개의 해마 중에서 최소한 하나만 없어도 새로운 기억을 형성하지 못한다는 것도 알고 있습니다. 뇌의 편도선 두 개를 제거하면 아무리 끔찍한 상황을 접해도 두려움을 느끼지 못하죠. 요컨대 사고의 메커니즘은 기계론적 과학을 통해 이해할 수 있어요. 이것은 이런 식이에요. 부정할 수 없는 사실이죠. 우주는 어마어마한 기계예요. 그리고 인간의 뇌 역시 한마디로 아주 복잡한, 아니 세상에서 가장 복잡한 기계라고 할 수 있어요."

"좋아요. 그러면 다른 것은요? 당신이 주체성이라고 불렀던 것엔 무슨 일이 일어난 거죠?"

고생물학자는 무기력한 표정을 지었다.

"주체성, 개인적인 경험, 자의식. 이런 것은 해결되지 않았어요. 하지만 지금은 내 관심사도 아니죠."

"그럼 뭐에 관심이 있어요?"

""선생님이 '마음'이라고 부르고, 다른 사람들이 '영혼', '정신', '숨결', '에너지' 등으로 부르는 것들이 사실은 순수하게 정보일 뿐이라는 점이 명확하게 전달되지 않을까 봐

걱정돼요. 이것은 잘 적어 놓으세요. 진하게요. 그 모든 것은 결국 **정보(INFORMACIÓN)**라고요. 이런 의미에서 하드웨어와 소프트웨어로 구성된 컴퓨터가 등장하면서 우리에게 엄청난 해악을 끼쳤어요. 그 이후로 사람들은 하드웨어를 몸과, 소프트웨어를 영혼과 동일시하는 실수를 저질렀거든요. 그렇지만 소프트웨어는 그냥 **정보**일 뿐이에요. 끝. 콤플루텐세 대학교의 데이터 처리 센터에서 보여드린 천공 카드 기억하세요? 내가 박사 학위 논문을 쓸 때 사용했던 거요."

"물론 기억하죠."

"그 구멍들이 정보였어요. 소프트웨어는 구멍일 때까진 만질 수 있었어요. 완벽하게 물질이었으니까요."

"구멍이 물질로 이루어졌다는 것은 확신이 서질 않는데요." 나는 농담을 던졌다.

"문제는 사람들이 정보와 영혼을 동일시한다는 거예요." 내가 한 말엔 전혀 관심을 주지 않고 계속 자기 말만 이어갔다.

"영혼의 마지막 가면이 정보라고 했잖아요?"

"그래요. 사람들은 소프트웨어가 컴퓨터 내부에 있는 비물질적인 것이라고 믿고 있어요. 영혼은 시간이 시작된 이

후 계속해서 이름을 바꿨지만, 자신을 멈추지 않고 계속해서 드러냈어요. 진짜 유물론자들에겐 피곤한 일이었죠."

"진짜 유물론자와 사이비 유물론자를 또 구별하려는 거군요." 나는 불평을 늘어놓았다.

"그래요. 달리 방법이 없잖아요. 신경 과학에서 중요한 것들은 모두 스페인에서 나왔어요. 이 사람 이름도 적어놓으세요. '라파엘 로렌테 데 노(Rafael Lorente de No)'요."

"'로렌테 데 노?' 가명인가요?"

"아뇨. 성이 '로렌테 데 노'예요. 90년인가 91년에 돌아가신 걸로 알고 있어요. 캐나다 심리학자인 도널드 올딩 헤브(Donald O. Hebb)와 함께 '함께 활성화된 뉴런은 연결되어 있다'라는 말로 요약할 수 있는 이론을 개발했어요."

"그럼 도대체 언제 수많은 뉴런이 동시에 활성화되죠?"

"예를 들어, 기억이 감정적인 측면에서 강한 부담을 느꼈을 때요. 바로 이것이 어떤 일은 잊히는 데 반해 어떤 일은 그렇지 않은 차이가 나오는 거예요."

"그럼 잊혀진 기억과 억압된 기억 사이엔 어떤 차이가 있죠?"

"그것은 심리학의 문제이자 주관성의 문제이기 때문에 나는 관여하지 않을 거예요. 앞에서도 이야기했듯이 주관성 문제는 아직 해결되지 않았어요."

"고뇌를 생각해 보면 어떨까요?"

"고뇌는 주관적인 감정이에요."

"상호 주관적이라는 말이 더 좋지 않겠어요? 모든 사람이 고뇌와 불안을 느끼니까요?"

"그렇지만 고뇌는 개인적인 경험에 속해요. 우리 세포 속 염색체는 정보 저장 매체이면서 매우 물리적인 것이에요. 사실 이런 염색체들은 수천 년 동안 보존되어 왔어요. 네안데르탈인의 염색체도 마찬가지예요. 비록 손상되긴 했지만요. 컴퓨터 언어는 이진법(0과 1)이에요. 다시 말해 우리는 이진법 기반의 코딩 시스템을 이야기하고 있는 거예요. 그런데 유전자는 4개의 숫자나 문자, 즉 4진법 기반으로 코드화된 정보 시스템이에요. 여기까진 모든 것이 완벽하죠. 정보는 물질적인 기반이 있어요. 오늘날 우리가 논의하고 있는 아날로그적인 것과 디지털적인 것의 차이를 알고 계세요?"

"이렇게 생각해요. 디지털 세계는 값, 다시 말해 0과 1과 같은 개별적으로 분리된 값으로 표현되는 반면에, 아날로그 세계는 가변적인 물리적 형태로 나타나는 연속성을 가지고 있어요."

"그래요. 이것은 매우 중요해요. 만약 뇌가 컴퓨터처럼 디지털의 세계라면 우리는 왜 컴퓨터가 의식을 가질 수 없는지를 이해할 수 없을 거예요. 컴퓨터는 프로그램 즉 알고리즘을 통해 정보를 처리하는데, 뇌가 디지털 기계라면 뇌 역시 그것을 컴퓨터와 똑같이 처리할 텐데 말이에요."

"그래요?"

"그럼요. 유전 정보는 디지털이에요. 기계처럼 작동하죠. 기계론적 세계에 속한 셈이에요. 바로 여기에서 중요한 질문이 나와요. 뇌는 아날로그일까요? 아니면 디지털일까요? 미스터리한 부분이 있을까요? 아니면 모든 것이 기계적인 것일까요? 기계도 의식을 가질 수 있을까요? 의식을 갖는 것이 기계에게 도움이 될까요? 우리가 주관성이라고 정의한 것이 우리에게 뭔가 도움이 될까요?"

"주관성이 우리에게 어떤 도움을 준다는 거죠?"

"우리 인간과 똑같은 정보 수집 능력을 가진 로봇을 화성에 보냈다고 가정해 봐요. 내가 이야기하는 모든 것을 자급자족할 수 있는, 다시 말해 스스로 수리도 할 수 있고 태양으로부터 필요한 에너지도 얻을 수 있으며, 자기 길을 가로막고 나선 모든 물질의 표본을 분석할 수 있는 로봇이에요. 여기에 스스로 복제까지 할 수 있어야겠죠. 이런 능력 외에도 주관성을 가지고 있다면 우리에겐 더 좋지 않을까요?"

"우리가 로봇을 화성에 보낸 목적에는 아닐 것 같은데요."

"맞아요. 이 경우 주관성은 오히려 장애가 될 수도 있어요. 종일 개선을 요구하고, 춥거나 덥다고, 외롭다고도 불평할지 모르죠. 뭐든 불평할 거예요. 선생님이 여러 번 이야기한, 예컨대 선생님이 가장 좋아하는 것을 예로 든다면, 죄책감이 물질로 이뤄진 것이라고 상상하기는 힘들죠."

"순수하게 만질 수 있는 유형의 정보라고 상상하는 것도 어려워요. 뇌가 없는 죄책감은 상상할 수 없죠. 그렇지만 당신의 천공 카드처럼 만질 수 있을 것 같진 않아요. 그렇다고 뉴런이나 호르몬 혹은 정신 이외의 다른 곳에 있는 죄책감을 나에게 보여 줄 수 있을 것 같지도 않고요."

"이미 이야기한 적이 있듯이, 주관성에 관해서는 나도 미스터리가 존재한다는 것을 인정해요. 질문이 있는데, 이것은 정말 중요한 질문이니까 잘 적어 놓으세요. '주관성은 대체 왜 필요할까요?'"

"모르겠어요. 모든 것이 그러하듯이 적응과 관련된 것이 아닐까 싶은데요."

"아마 아닐 거예요. 주관성은 적응과는 관련이 없어요. 아무짝에도 쓸모가 없어요. 가정용 진공청소기인 룸바를 한번 상상해 보세요. 전자 회로에 완벽하게 지도화된 온 집안을 다 청소하죠. 그리고 배터리가 떨어지면 충전 스테이션으로 돌아가 스스로 충전을 하죠. 그런데 배가 고팠을까요? 자동으로 충전을 하기 위해 로봇 청소기가 배고픈 것을 느껴야만 할까요?"

"아뇨."

"그럼 왜 우리는 그렇죠? 왜 우리는 먹기 위해선 배고픔을 느껴야 할까요?"

"잘 모르겠어요." 정말 의심이 일었다.

"그럼 오늘은 여기에서 멈추기로 할게요. 바로 여기에서 나는 결론을 내렸어요. 주관성은 기본적으로 인간과 떼어내서 생각할 수 없긴 한데(그렇지만 인간만 가진 것은 아니고 다른 동물들도 주관성을 가지고 있다고 믿고 있습니다), 아무런 쓸모가 없다고 말이에요. 지금 할 수 있는 일은 주관성이 없이도 똑같이 할 수 있으니까요. 그래서 바로 여기가 내가 미쳐 버릴 것 같은 지점이기도 해요." 그가 과학자로서 이야기하는 것인지, 인간으로서 이야기하는 것인지, 그것도 아니면 둘 다의 입장에서 이야기하는 것인지 잘 모르겠지만, 절박

**사피엔스의 의식**

한 심정에서 솔직하게 이렇게 덧붙였다. "그렇다고 주관성의 물리적 매체를 찾는 것을 포기한다는 의미는 아니에요. 평생 이 일에 매달릴 거예요."

사실 그의 고백과도 같은 이야기는 한편으론 전율도 일고, 또 다른 한편으론 너무 명료하기도 해서 순간적으로 숨이 막혔다. 바로 그 순간 종업원이 우리에게 디저트를 가져왔다. 아르수아가는 실존의 위기에서 벗어나 과일즙에 위스키를 섞은 세고비아식 펀치를 한 잔 주문했다.

"정말 맛있어요." 별 쓸모도 없는 주관성을 가지고 이렇게 확신에 가까운 이야기를 했다.

"나도 같은 것으로 시킬게요." 나 역시 쓸데없는 주관성에서 같은 결론을 끄집어냈다.

우리는 아무 말 없이 우리의 내밀한 경험과 우리가 느낄 수 있는 모든 기쁨을 펀치에 쏟아 단숨에 마셨다. 아무 쓸모도 없는 기쁨일 수도 있지만 말이다. 우리에게 커피를 가져왔을 때 아르수아가는 한참 나를 바라보더니 이렇게 이야기했다.

"미야스 선생님, 이런 식으로는 끝낼 수 없을 것 같아요."

"이런 식으론 그렇죠."

"한 장 정도는 덧붙여야 할 것 같아요."

"뭐에 대해서요?"

"신에 대해서요. 우리는 신을 만나러 가야 해요."

"무슨 말을 하고 싶은지 잘 모르겠는데, 기꺼이 함께할 게요."

# 축제의 끝

2월 2일 금요일, 날이 활짝 개어 신을 뵈기에 정말 좋을 것 같다는 생각이 들었다. 아르수아가가 자기 집 앞 현관에서 나를 기다리고 있었다. 날씨가 추워서인지 두 손을 싹싹 비비고 있었는데, 조바심 때문인지도 몰랐다.

"좀 더 빨리 출발했어야 했는데…" 차를 향해 가며 투덜거렸다.

"아침 8시밖에 안 됐어요." 나는 무슨 말이냐는 듯이 이야기했다. "신께서도 조금은 우리를 기다려 줄 수도 있지 않겠어요?"

"아마 그렇지 않을 거예요. 어젯밤에 차를 어디에 주차해 놨는지 한번 봅시다."

우리는 그의 집 앞 거리를 위에서 아래로 두 번이나 왔다 갔다를 반복한 끝에 겨우 기억을 되살렸다. 집 앞 거리엔 주차할 만한 곳을 찾지 못해 차를 옆쪽 도로에 주차했던 것이다.

차에 올라 시동을 걸자 나는 며칠 전부터 생각에 생각을 거듭한 질문을 꺼냈다.

"뇌를 나라와 비교하는 것은 어때요?"

"어떤 종류의 나라요?"

"그것은 잘 모르겠는데, 예를 들어 러시아처럼 큰 나라요."

"러시아가 위대한 나라가 되려면 그 정도의 크기는 필요하죠. 그렇지만 뇌는 거대해지지 않아도 충분히 위대해요."

그는 잠깐 입을 다물고 핸드폰 화면에 나타난 지시 사항에 주의를 기울였다. 화면에는 교통량이 적은 경로가 표시돼 있었다.

"이것을 따라가야 할지 모르겠어요." 그는 구글 내비게이션을 보며 입을 열었다. "가끔은 몇 분 절약해 준다며 빙빙 돌게 만들기도 해요. 이 알고리즘은 뇌엔 그다지 긍정적이지 않아요."

그는 결국 내비게이션의 지시에 따르기로 했고, 그 덕분인지 마음이 좀 편안해진 것 같았다. 그러자 다시 나를 바라보며 대답을 마무리했다.

"말씀드렸듯이 뇌는 전체 체중의 겨우 2퍼센트밖엔 되지 않아요. 부피도 2~3퍼센트 정도고요. 그런데도 나머지 98퍼센트는 뇌가 없으면 살지를 못해요. 그러니 뇌는 구태여 러시아가 될 필요가 없는 러시아인 셈이에요."

"됐어요. 그럼 이번엔 도시와 한번 비교해 봅시다."

"무슨 이야기를 하고 싶은 거예요?"

"만약 뇌를 도시와 비교한다면, 우리는 뇌를 여러 구역으로 나눠 생각할 수 있잖아요. 여기는 구시가지이고, 이쪽은 신시가지이고, 이쪽은 교외고…"

고생물학자는 중립적인, 아니 오히려 조금은 양보하려는 듯한 표정을 지었는데, 나에게 상처를 주고 싶지 않았던 것 같았다. 닛산 주크의 계기판에서 낡은 차의 전형이라고 할 수 있는 상처가 여기저기 엄청 나 있는 것을 발견했다.

"어디에서 그런 비교를 보신 거예요?" 그가 질문을 던졌다.

"문득 생각이 났던 거예요. 가끔 일어나는 일이에요."

"그렇군요. 그런 유추를 적용하면, 해마는 어떤 부위에 해당할까요?"

"역사적인 도시에 해당하겠죠. 그런 도시엔 많은 역사적 기억이 저장되어 있을 테니까요. 안 그래요?"

"아뇨. 해마에선 기억이 만들어지긴 하는데, 영원히 그곳에 저장되진 않아요. 최종적으로는 전두엽에 저장돼요. 나중에 설명해 드릴게요. 선생님 의견으로는 뇌의 어떤 부분이 오락이나 술과 관련됐을 것 같은가요?"

"편도체일 것 같아요. 나에게 예전에 가장 기본적인 감정과 연결된 조직이라고 이야기했잖아요."

"편도체요." 아르수아가는 길게 이어진 비탈길을 오르기 위해 기어를 바꾸며 기계적으로 내 말을 따라 했다.

우리는 오래된 주크가 경사를 극복할 수 있도록 도와 주려는 듯이 앞쪽으로 몸을 기울였다. 우리는 힘을 내려고 한동안 숨까지도 참았다. 위험을 극복하자 고생물학자는 다시 주제로 돌아왔다.

"미야스 선생님, 좋은 시도예요. 그렇지만 뇌가 가장 많이 닮은 것은 도시가 아니라 가상 도시의 지하철 네트워크예요. 즉 철도 네트워크죠. 커넥톰(connectome)*, 이 말이 맞

---

* 뇌 속에 있는 신경 세포들의 연결을 종합적으로 표현한 뇌 회로도. 넓은 의미의 커넥톰은 단순히 뇌 안에 있는 신경 세포뿐만 아니라 우리 몸 전체에 분포된 신경 세포들 간의 연결망을 가리킨다.

아요. 적어 놓으세요."

나는 얼른 받아 적었다.

"굵은 글씨로요."

나는 굵은 글씨로 적었다.

"**커넥톰**을 이야기한다는 것은 무엇을 이야기하는 거죠?"

"커넥톰은 뇌 속 뉴런의 연결을 완벽하게 재현한 거예요. 다른 부위끼리 어떻게 서로 관계를 맺고 있는지에 대해 이야기하는 것이죠. 회로, 배선, 연결 고리 등에 대해서요. 커넥톰은 물리적이고 물질적인 성격이 있어서 현미경으로 연구할 수 있어요."

"나는 지하철 노선도를 좋아해요. 전 세계 지하철 지도가 수록된 책을 가지고 있어요. 진짜 예술 작품이에요."

"흥미로운 점은 지하철이 없는 도시 지역이 언제나 가장 가난한 지역은 아니라는 거예요." 그가 말을 이어 갔다. "유명한 축구 선수나 백만장자들이 사는 마드리드의 가장 부촌이라고 할 수 있는 곳에선 대개 지하철이 없어요."

"뇌에서 가장 연결성이 떨어지는 곳이 가장 활동적일 수 있나요?"

"잘 모르겠어요. 내가 지금 언급하고 있는 물리성(physicality)

덕분에 우리가 과학 보고서를 작성할 수 있게 됐다는 것 정도는 이야기하고 싶어요. 정보의 흐름과 밀도를 공부할 수 있게 해 주고, 또한 지하철 네트워크를 관찰하면 어느 노선이 가장 많은 승객을 수용하는지, 어느 지점에서 가장 많은 환승이 이뤄지는지를 추론할 수 있는 것과 같아요. 사실 인간의 커넥톰, 바로 이 문제에 우리는 몰두하고 있어요. 아주 야심 찬 프로젝트가 진행 중인데, 이 프로젝트가 끝나면 모든 연결과 모든 정보의 흐름이 세세히 드러난 지도를 만들 수 있을 거예요. 뉴런들은 가소성*이 있어서 서로 연결되기도 하고 끊어지기도 하는데, 이런 식으로 구체적인 기억이나 일반적인 기억력이 형성되기 때문이죠. 뉴욕의 콜롬비아 대학교에 재직 중인 스페인 학자 라파엘 유스테(Rafael Yuste)는 몇몇 유충의 신경 세포망을 완벽하게 지도로 그려 냈어요."

"그러나 지도는 어디까지나 도상일 뿐이죠. 한계가 있어요."

"물론이죠. 그렇지만 우리에게 이야기해 주는 것이 있어요. 구글의 도로 지도 덕분에 우리는 이 고속도로가 부르

---

\*    '가소성'은 외부 자극에 따라 스스로 구조를 바꾸는 능력을 의미하는데, 뇌 과학에서 말하는 '신경 가소성'은 뇌의 뉴런들이 학습이나 경험을 통해 연결을 변화시키는 능력을 뜻한다.

사피엔스의 의식

고스까지 이어진다는 것을 알 수 있잖아요."

"그러니까 우리 지금 부르고스로 가는 것이네요? 그곳이 신이 계시는 곳인가요? 부르고스가요? 그렇다면 인류 진화 박물관에서 신과 만날 수 있다는 것인가요? 당신이 과학 책임자로 일하고 있는 그곳이요. 그러면 당신이 신의 CEO인가요? 아니면 그 비슷한 일을 하는 건가요?"

고생물학자는 웃음을 지었다.

"아니요. 인류 진화 박물관에 계시지 않아요. 곧 알게 될 거예요. 선생님을 너무 복잡하게 하고 싶지 않아서 너무 깊이 들어가고 싶지 않았지만, 이 주제를 꺼내 든 사람이 바로 선생님이니까 이번 부르고스로 여행을 통해 뇌를 여행해 볼까 해요. 원하든 원하지 않든 뇌를 여행하는 것은 의식을 여행하는 것과 같아요. 그런데 바로 이것이 이번 이야기의 주제가 아닐까요? 의식에 관한 것 말이에요."

"그렇지요. 의식에 대해서죠." 한 권을 다 썼기 때문에 메모 수첩을 바꾸며 고개를 끄덕였다.

"그러면 가장 단순한 것부터 시작하기로 하죠. 감각에서부터요. 손가락 끝에서, 아니 혀끝에서 뇌로 정보가 전달되는데, 뇌의 어떤 부위로 전달된다고 생각하세요?"

"아마 우리 동네 지하철역인 알라메다 데 오수나 역에서 출발하여 레티로 역으로 가는 것과 같은 거예요. 벤타스에서 환승을 하는 거죠."

"그것과 비슷해요. 선생님도 오감을 아시죠?"

"물론이죠. 시각, 청각, 촉각, 후각, 미각이죠. 꼭 이 순서대로 말해야 하는지는 잘 모르겠어요."

"상관없어요. 선생님도 아마 세 가지 감각이 더 있다는 사실은 모를 거예요."

"세 가지가 더 있다고요?"

"먼저 전정 감각(前庭感覺)이 있어요. 이것은 공간에서 선생님의 위치를 알려주죠. 어떤 사람은 이것을 평형 감각이라고도 불러요. 이 감각은 내이(內耳)에 있는데, 선생님이 서 있는지, 앉아 있는지, 누워 있는지, 아니면 몸을 구부리고 있는지 알 수 있게 해 주죠. 술에 취해 침대에 들어갈 때 하늘이 빙글빙글 도는 것을 느껴 본 적이 있다면 이 감각이 얼마나 중요한지 아셨을 거예요."

"하지만 이것은 내가 의식하지 못하는 감각이잖아요. 촉감이 좋은 옷감, 맛있는 음료, 듣기 좋은 음악, 아름다운 풍경, 달콤한 잼 등에 대해선 내가 의견을 말할 수 있어요. 하지만 아무도 '내가 얼마나 똑바로 서 있는지 혹은 잘 누워 있는지 잘 봐'와 같은 말은 하지 않을 거예요."

"선생님은 다행히 이 감각을 별로 의식하지 않을 거예요. 그렇지만 끔찍한 경우도 있어요. 균형을 잡는 데 문제가 있는 사람들이 얼마나 이 감각을 원하는지 선생님은 상상도 못할 거예요. 오늘 우리가 하느님과 가까이 있을 때 이 감각이 필요하단 것을 느껴 볼 거예요. 혹시 어지럼증 있어요?"

"나를 무섭게 만드네요. 그런데 자동차 엔진 소리가 좀 이상하지 않나요?"

"맞아요. 그런데 정비소에 가기만 하면 소리가 나지 않아요. 그것은 잊어 버리세요. 그리고 두 번째로는 고유 감각(固有感覺)이 있어요. 이 감각은 매 순간 우리 몸 모든 부위, 혹은 각각의 부위의 정확한 위치를 알 수 있게 하는 능력을 부여하죠."

"이것은 나를 엄청나게 놀라게 했던 적이 있어요. 내가 손을 등 뒤로 숨겨도 손이 등 뒤에 있다는 사실을 알죠. 손의 정확한 위치를 아는 거예요. 눈을 감고도 오른발이 어디에 있는지도요."

"고유 감각 덕분에 정말 믿기 어려울 정도로 정확하게 아픈 부위를 알 수 있죠."

"눈에 보이지 않는 세 번째 감각은 뭔가요?"

"내감각(內感覺)이에요. 이 감각은 곧 사용하게 될 중요한 감각이죠."

"무슨 일을 하죠?"

"몸의 내적인 신호를 감지하는 능력이 있죠."

"예를 들어, 배고픔 같은 거요?"

"예를 들면요. 소변이 마려운 느낌도 있고, 숨을 쉬려고 공기를 마셔야겠다는 생각도 할 수 있고요. 그런데 배고픔을 예로 든 것은 정말 잘한 거예요. 우리 식사가 너무 늦었으니까요. 바로 그래서 우리가 곧 사용할 거라고 이야기한 거고요. 고전적인 오감(시각, 청각, 후각, 미각 그리고 촉각)은 몸 외부에서 일어나는 일을 알려 주기 때문에 외감각에 포함되죠. 이해하시겠죠?"

"이해했어요. 적어도 났고요."

"잘하셨어요. 우리 내부 혹은 외부 기관에서 또 다른 기관인 뇌로 정보가 어떻게 전해지는지 살펴볼까요. 그런데 뇌는 두개골이라는 일종의 단단한 상자에 갇혀 있는 완벽한 어둠 속에서 지내고 있어요."

"보지도 못하고, 듣지도 못하고, 냄새도 못 맡고, 바보 같은 기관이기도 해요." 과장도 하고 싶었고, 한편으론 메모할 시간도 벌 생각에 나도 한마디 거들었다. "몸에서 일어나는 모든 일, 심지어 가장 외진 곳에서 일어난 것까지 속

속들이 알고 있긴 하지만요. 이런 이야기를 하는 것은 내 왼발 새끼발가락 발톱에 문제가 생겨서 화요일엔 족부 전문 외과에 가야 하거든요."

"모든 정보는 방금 우리가 이야기했던 감각 기관을 통해 뇌에 전달되죠." 아르수아가는 집채만한 트럭을 어렵지 않게 추월하며 이야기를 이어 갔다. "그렇지만 신체의 모든 부분이 동일한 밀도의 종말 신경을 가지고 있진 않아요. 종말 신경은 일종의 감각 수용체죠. 예를 들어, 허벅지나 다리에 비하면 손, 입, 혀 등에는 이런 종말 신경이 엄청나게 많이 축적되어 있어요."

"맞아요." 나도 내 경험에 비추어 고개를 끄덕였다. 사실 혀는 생각만 해도 미친 듯이 침을 흘리곤 했지만, 허벅지는 아무리 머리에 떠올려도 아무 느낌이 없었다.

"와일더 펜필드(Wilder Penfield)*에 대해 이야기했던가요?"

---

* 캐나다의 신경외과 의사로, 인간의 대뇌와 신체 각 부위 간의 연관성을 규명한 '펜필드의 지도'를 작성한 것으로 유명하다. 대뇌 피질 호문쿨루스(Cortical homunculus), 또는 펜필드의 호문쿨루스(Homunculus of Penfield)는 인간의 대뇌 피질을 중심으로 하는 감각 신경과 운동 신경이 각기 다른 신체 부위에 얼마만큼 연관되어 있는지를 크기로 대응시켜 나타낸 모형이다.

아르수아가가 질문을 던졌다.

"안 한 것 같은데요."

"1940년에 감각 호문쿨루스라는 개념을 만든 신경외과 의사예요. **감각 호문쿨루스**, 이것은 굵은 글씨로 써 놓으세요. 이것은 정말 심하게 신체 비율이 깨진 사람 그림이에요. 인터넷에서 찾을 수 있을 거예요. 엄청나게 큰 손과 기괴할 정도로 큰 혀, 유별난 입술을 가졌는데, 이는 신체에서 가장 촉각이 민감한 부위를 보여 주기 위한 그림이죠."

사피엔스의 의식

나는 핸드폰을 꺼내 펜필드의 호문쿨루스 이미지를 찾아보았다. 정말 괴물이었지만, 내 몸에서 가장 민감한 지각 능력을 가졌고 가장 감각적인 부위로 조금 과장해서 이야기한다면 가장 낭만적일 수도 있는 부위를 잘 보여 주긴 했다. 나는 지방 도로에 비해 고속 도로가 과장되게 그려진 도로 지도를 떠올렸다.

"호문쿨루스에는 감각 호문쿨루스와 운동 호문쿨루스가 있어요." 아르수아가가 부연 설명을 했다. "감각 호문쿨루스는 자극을 수용하고, 운동 호문쿨루스는 명령을 내리죠."

"그럼 수동적인 부분과 능동적인 부분인 셈이네요." 아르수아가의 말을 수첩에 받아 적으며 큰소리로 반응했다.

"정확한 표현이에요. 받아들이는 부분과 반응을 유도하는, 즉 움직이라고 말하는 부분으로 나눌 수 있죠. 감각 호문쿨루스와 운동 호문쿨루스는 차이도 있지만, 서로 상당히 많이 닮았어요. 신체의 어떤 부위에는, 예를 들어 생식기와 같은 부위에는 근육은 없지만, 종말 신경은 있거든요."

"종말 신경만 있나요?"

"네! 종말 신경뿐이에요."

"예를 든다면요?"

"클리토리스요. 여기엔 종말 신경이 엄청 많아요."

"음경보다 더 많아요?"

"훨씬 더 많아요. 클리토리스의 귀두엔 음경의 귀두보다 엄청나게 많은 종말 신경이 있어요. 그래서 남성의 오르가슴이 여성의 오르가슴에 비하면 발끝에도 미치지 못하는 거예요."

"오르가슴을 느끼면 뇌에는 어떤 일이 일어나죠?"

"내 생각엔 오르가슴은 척수와 관련이 있는 것 같아요. 물론 뇌에도 단순한 정보로 전달되긴 하지만요."

"내감각의 문제일까요?"

"촉각이라는 외부 자극의 결과이기 때문에 그렇게 이야기할 수는 없을 것 같아요."

"그렇지만 성적인 환상은 내적인 것이잖아요."

"나는 또 다시 주관성이라는 낚싯바늘에 걸릴 생각은 없어요. 우리가 세고비아에서 식사할 때 이미 한번 걸렸어요."

"내가 이해하기 힘든 것은 내 경험과는 완전히 배치되게 내 발이 뇌에서 아프다는 거예요." 무의미한 토론에 빠져들지 않기 위해 범위를 좁혔다. "뇌가 아니라 발에서 고통을 느끼는데 말이에요."

"고통을 느낄 수 없는 유일한 신체 기관이 뇌라는 사실을 생각하면 더 역설적이긴 하죠." 고생물학자도 다시 한

**사피엔스의 의식**

번 강조했다.

"그래서 받아들일 수는 있지만, 잘 이해되진 않아요."

"환상 속 사지 혹은 환상 사지(phantom limb)*를 한번 생각해 보세요. 그런데 누군가가 선생님의 손을 잘랐을 때, 손은 계속 아프다고 느낄 거예요. 왜냐하면 뇌는 손이 없어졌다는 것을 인식하지 못해서 그래요."

"좀 소름 끼치네요."

"맞아요. '통 속의 뇌(brain in a vat)'라는 표현 기억나세요?"

"다시 한 번 기억을 좀 살려 줄래요?"

"공상 과학 소설에서 많이 언급되는 철학적인 가설이죠. 우리가 뇌를 뇌척수액과 유사한 액체를 담은 용기 안에서 계속 살아 있게 할 수 있다면, 뇌의 일부분만 자극해도 존재하지도 않는 팔을 충분히 느끼게 만들 수 있을 거라는 것이죠. 그리고 가지고 있지도 않은 코를 통해 냄새도 맡을 수 있을 테고요."

"그럴 수 있어요. 그렇다는 것은 알겠는데, 머리에 들어오진 않네요."

"머리에 들어오지 않는다고요… 그렇지만 이해하려면

---

\* 절단된 팔다리가 존재한다고 느끼는 현상.

머리로 받아들여야 하는데요."

"그럼 진짜로 통증을 느끼는 곳이 뇌라면 무릎에서 느낀 통증은 환각이겠네요."

"그것을 뭐라고 불러야 할지는 잘 모르겠어요. 그렇지만 환각은 아니고 실재(實在)예요."

"거울 앞에서 면도할 때 면도가 된 사람은 내가 아니라 나의 상이에요. 무릎이 아픈데 무릎이 아니라고 하고, 뇌에선 무릎의 상이라고 하는 격이네요. 너무 어지러워요."

"너무 깊이 생각하지 마세요. 그렇구나 하고 마침표를 찍으면 되는 거예요. 중요한 것은 모든 감각이 어떻게 뇌에 전달되는지를 알게 되었다는 거예요. 안 그래요?"

"맞아요. 허벅지나 다리보다는 혀나 입술에 더 많은 종말 신경을 통해서 전달된다는 거죠. 허벅지와 다리는 너무 불쌍하네요. 실베스터 스탤론이 주인공을 맡았던 영화 속 한 등장인물이 생각나네요. 제목이 뭐였더라?"

"람보요."

"'다리에 감각이 없어'라고 이야기했는데, 이것 때문일 수 있겠네요. 종말 신경이 부족해서 말이에요."

"말도 안 되는 소리는 하지 마세요. 아마 척추가 부러졌을 거예요."

"화장실에 가고 싶었는데, 다리에 감각이 없었을 거예요. 하긴 '다리에 감각이 없다'라는 문장을 가지고 수없이 많은 농담이 만들어졌어요."

"이제 농담 그만하고 다시 메모나 하세요."

"숨 좀 쉬고요. 달리는 차 속에서 메모하려니 머리가 어지러워요."

"더 천천히 말할게요. 우리는 이제 감각이 대뇌 피질의 특정 영역에 머무른다는 사실까진 알게 되었어요. 이것을 가지고 프루스트의 마들렌으로 돌아가 보죠. 후각·미각·촉각·시각·청각 피질이 있어요. 후각 피질은 다른 것에 비해 가장 오래됐죠. 그리고 뇌는 이런 정보들을 처리하는데, 후각을 제외한 모든 감각 신경 경로가 **시상(視床)**'이라고 불리는 구조를 통과해요. 시각, 청각, 미각, 촉각을 뇌로 운반하는 신경은 굵은 글씨로 쓴 시상이라는 특정 부위에 도착하기 전에 한 번 갈아타죠." 최근 아르수아가는 부쩍 굵은 글씨라는 말을 많이 사용했다. "사실 신경이 운반하는 것은 감각 정보죠. 이미지, 청각 그리고 맛이나 촉감에 대한 감각 등은 대뇌 피질에서 형성된다는 사실을 기억하시죠?"

"그러면 시상은 '푸에르타 델 솔' 지하철역과 같은 셈인가요?"

"이젠 그렇게 부르지 않아요."

"뭐라고 부르든지요."

"시상은 대형 버스 환승지나 맨해튼의 그랜드 센트럴 역과 비교하는 게 좋아요."

"그것은 이미 한번 말했어요. 그럼 시상이 뇌인가요?"

"물론이죠. 그러나 피질에 속하지 않고 뇌 깊숙한 곳에 자리 잡고 있어요. 그리고 한 쌍으로 된 구조죠. 다시 말해 해마와 편도체가 두 개인 것처럼 시상도 두 개가 있어요. 해면동물, 산호 그리고 그다지 잘 알려지지 않은 몇몇 동물군을 제외하고 동물들 대부분은 양쪽 대칭성을 가지고 있어요. 우리 몸속의 거의 모든 것이 다 두 개로 되어 있지요. 여기까진 이해하시겠어요?"

나는 다시 핸드폰을 꺼내 시상의 이미지를 찾아 봤는데, 감자 한가운데에 병아리콩이 감춰져 있는 것처럼 뇌 깊숙한 곳에 숨어 있는 시상을 발견할 수 있었다. 브뤼셀이 유럽 각국의 수도로부터 거의 등거리에 있는 것처럼, 뇌의 모든 영역에서 같은 거리에 자리 잡고 있었다.

"모든 것이 시상을 지나가요." 고생물학자가 계속해서 말을 이어 갔다.

"정말 엄청난 환승역인 셈이네요."

사피엔스의 의식

"후각을 제외한 모든 신경 자극은 시상을 지나가요. 반면에 후각은 자유롭죠. 바로 뇌로 연결되거든요. 어떤 의미에선 후각이 바로 뇌인 셈이지요."

"그렇군요. 그럼 이제 모든 신경 자극이 중앙역인 시상에 도착했다고 합시다. 지금부턴 무슨 일이 일어나죠?"

"선생님이 좀 피곤해 보이니까, 극단적으로 도식화시켜 이야기하자면, 모든 정보는 우리들의 옛 친구인 해마에게로 향하죠. 해마는 바다의 해마(海馬) 모양으로 이뤄진 수천 개의 뉴런이 한데 모여 만들어진 또 다른 뇌 구조물이거든요. 이 해마는 측두엽에 위치하고 있는데, 각 반구에 하나씩 두 개가 있죠. 다시 말해, 해마 역시 대칭 구조로 양쪽에 있어요."

"그러면 해마는 이 다양한 감각 정보를 가지고 뭘 하죠? 듣는 것과 동시에 볼 수도 있잖아요. 그리고 수저로 렌틸콩을 맛보면서 그 촉감을 손가락으로 느낄 수도 있고요."

"이 모든 감각 정보는 기억으로 만들어지죠."

"그것을 어떻게 알 수 있죠?"

"두 해마를 모두 제거하면 기억이 형성되지 않는 것을 통해 알 수 있어요."

"그럼 기억 시스템은 제거 직전에 멈추나요?"

"하루 전이 아니라 적어도 3년쯤 전에 멈춰요. 2016년에 돌아가신 미국의 수잔 코킨 박사는 H.M.이란 이니셜로 알려진 환자를 40년 이상 연구했어요. 이 환자분은 해마두 개를 거의 완벽하게 제거한 상태였죠. 박사는 매일 이 환자를 방문했는데, 그는 매일 박사를 맞이하면서도 항상 처음 보는 것처럼 맞았어요. 물론 걸을 줄도 알고, 자전거를 탈 줄도 알고, 말을 할 줄도 알았어요. 해마가 제 기능을할 때까지 알고 있었던 모든 것은 계속해서 알고 있었어요. 그러나 그는 매일 새로운 방에서 잠을 깼어요. 똑같은방이었는데도 말이에요. 가장 끔찍했던 것은 거울을 볼 때였는데, 자기 자신의 모습이 사고 이전의 모습이었다는 거예요. 세월이 흘렀기 때문에 지금 보는 것은 분명히 노인의 모습이었을 텐데 말이에요. 우리는 뇌 손상 덕분에 뇌의 다양한 영역에서 어떤 일들이 일어나고 있는지를 알 수있어요. 누군가 시각 피질이 손상됐다면 그 사람은 아무리눈이 좋아도 보질 못하죠."

"눈으로 보는데, 사실은 뇌로 보는 것이군요. 무릎을 한방 맞았을 때 뇌가 아픈 것처럼요."

"그 생각은 그만하세요. 잘못하면 미쳐버릴 거예요."

"그러니까 해마는 중앙 고속도로이거나 거대한 환승역

인 셈이네요."

"원하는 대로 말씀하세요. 우리 기억은 본질적으로 시각이에요. 우리는 시각 포유류이니까요. 우리 기억에선 시각적인 요소가 가장 중요해요. 커넥톰과 신경망을 통해 이를 알 수 있어요. 신경망을 추적하면 많은 도움이 되죠."

"그러면 해마는 기억을 평생 담아 놓을 수 있나요?"

"아뇨. 해마는 기억을 가공하여, 이미 말씀드렸듯이 전두엽으로 전달할 뿐이에요."

"선별해서 보내나요? 아니면 모두 다 보내나요?"

"가장 의미가 있는 것을 보내죠. 가장 많이 사용되는 것을요. 밤에 기억을 전달하는데, 이 과정에 잠이 연루되어 있다고 생각하고 있어요. 지하철 노선도를 봤을 거라고 믿어요."

"조금은요."

"전두엽의 중요성을 알려드리자면, 전전두 피질이라고 불리는 전방 부분을 제거한 사람들에게서 일어나는 일을 생각하면 돼요. 전전두 피질은 계획 수립, 의사 결정, 감정 통제, 문제 해결을 비롯한 자발성과 관련된 여타 과제를 담당하는 곳이죠. 전전두 피질은 뇌를 오케스트라에 비유했을 때 지휘자에 해당해요. 성격과도 비슷해요. 전두엽 절제술을 받은 사람의 경우 가끔 식물인간 상태가 되기도 하죠."

"케네디의 여동생도 전두엽 절제술을 받았고 결국 식물인간이 됐죠."

"굉장히 유명한 사례죠. 이것도 적어 놓으세요. 좀 세부적인 이야기이긴 해요. 해마의 양 측면엔 작은 구조물이 있는데, 그것은 선생님이 예전에 언급한 정말 옛 친구인 편도체예요. 도시의 술집 거리와 동일시했던 바로 그 편도체 말이에요. 바로 여기에서 프로스트를 만날 수 있어요. 후각 신경은 기억에 감정의 느낌을 부여하는 일을 맡은 편도체로 정보의 일부를 보내죠. 그래서 냄새가 전체적인 상황을 불러오거나 재구성할 수 있는 거예요. 뭔가 냄새를 맡으면 즉시 이 냄새와 관련된 기억이 나는 것이죠. 전체적인 그림을 완성하기 위해서 해마에 어떤 다른 것들이 있는지를 살펴볼까요. 바로 개념 세포(células de concepto)와 장소 세포가 있어요. 이 장소 세포 덕분에 우리는 우리가 지나쳐 온 곳을 알아보는 것이죠. 한번 생각해 보면 이것이 얼마나 중요한가를 알 수 있어요. 우리가 아란다 두에로*

---

\*     스페인 카스티야 이 레온(Castilla y León) 지방의 부르고스 주에 있는 도시로, 스페인의 남북을 연결하는 고속도로와 철도가 통과하기 때

세포와 소모시에라의 고갯마루 세포, 선생님이 사는 거리 세포 등을 가지고 있다고 한번 생각해 보세요. 정말 멋지다는 생각 안 들어요?"

"정말 신비하네요."

"우리 친구인 로드리고 키안 키로가가 발견한 제니퍼 애니스턴의 뉴런 이야기를 하면서 이미 다른 것들도 언급했어요. 실험에서 그의 이름을 들었을 때뿐만 아니라, 옛 남편 이름을 들었을 때, 또는 〈프렌즈(Friends)〉를 언급했을 때도 활성화됐죠. 그녀와 관련된 모든 물건에 활성화됐어요."

"내가 제대로 이해했다면, 개념 뉴런은 만일 내가 의자를 이야기했을 경우, 다리가 세 개든 네 개든, 높든 낮든, 녹색이든 붉은색이든, 어떤 의자든 알 필요가 없다는 것을 의미하는 거예요. 왜냐하면 보편적인 의자를 이해하고 있기 때문이죠. 다른 말로 한다면, 개념 뉴런은 전 우주의 모든 의자를 하나로 묶을 수 있는 능력이 있다는 것이죠. 문득 보르헤스의 텍스트가 생각났어요. 우리가 이렇게 추상적으로 새에 관해 이야기할 수 있다는 것이 얼마나 흥미로운 일인지를 이야기했어요. 아침에 본 까마귀와 오후에 본 까마귀

문에 교통의 중심지 역할을 한다.

가 아무리 똑같은 까마귀여도 절대로 똑같다곤 할 수 없는데 말이에요. 우리는 까마귀라고 말하는데, 여기엔 모든 모양의 모든 까마귀가 더 들어가죠."

원래 예정했던 것보다 좀 늦긴 했지만(아르수아가는 가던 도중에 "좀 더 빨리 출발했어야 했는데"라고 수차례 반복해서 이야기했다), 부르고스에 가까워지자 마드리드와는 달리 잔뜩 찌푸린 날씨로 변하기 시작했다. 우리가 갑자기 나타난 것에 화가 난 듯이 짜증스러운 풍경이었다. 돌풍은 낡을 대로 낡은 닛산 자동차를 흔들어 댔을 뿐만 아니라, 사정없이 빠른 속도로 돌아가는 비디오테이프처럼 구름까지도 달리게도, 흩어지게도 했다.

"이 상황의 배후에 신이 없길 기원합니다." 나는 날씨를 언급하며 이렇게 이야기했다.

그러나 고생물학자는 우리를 둘러싼 상황과는 완전히 동떨어진 이야기만 계속했다.

"편도체가 감정, 특히 가장 강력한 감정인 두려움과 관련이 있다는 사실은 우리도 잘 알고 있어요. 어쩌면 동물들을 생존할 수 있게 해 주는 감정이기도 하죠."

"우리가 그것을 어떻게 알죠?"

"다른 것과 마찬가지예요. 편도체를 제거하게 되면 두려움을 느끼지 않죠. 편도체가 제거된 원숭이는 뱀과 마주쳤을 때 도망가는 게 아니라 뱀과 놀려고 들어요."

"두려움이 완전히 없는 사람이라는 발상이 너무 무섭군요. 스티븐 킹 소설의 좋은 주제가 될 수 있을 것 같아요."

"미야스 선생님, 지금까지 우리가 본 모든 것은 중추 신경계예요. 중추 신경에 도달한 정보는 척추를 통과하여 뇌에 정착하게 되죠. 그러나 우리는 전혀 통제할 수 없는 자유로운 신경계도 있어요. 그래서 원하든 원하지 않든 심장은 계속해서 뛰는 거죠. 내가 공부할 때는 식물 신경계라고 불렀는데, 지금은 자율 신경계라고 해요. 자율 신경계는 몸의 각 기관으로 가서 그곳의 여러 가지 정보를 모아 돌아오죠."

"내장으로 가는 출발역은 어딘가요?"

"시상 하부는 이름에서 알 수 있듯이 시상의 아래 부분에 있어요. 편도체와 해마는 시상 하부와 아주 긴밀하게 연결돼 있어요. 선생님도 내가 하려는 이야기를 들어 본 적이 있을 텐데, 대뇌 편도체, 해마, 시상 하부는 흔히 '변연계(邊緣系)' 또는 '대뇌변연계(大腦邊緣系)'라고 불리는 시스템의 일부예요. 이 시스템은 한때 파충류와 원시적인 포유류의 감정과 본능을 제어한다고 생각했어요. 반면, 사고하는 뇌, 즉 인지적 뇌는 인간이 포함된 고등 포유류의 신피질에 해당한다고 합니다. 오늘날 뇌의 구분은 그리 명확하지 않지만, 후각뇌(嗅覺腦)를 포함한 변연계에 대해 여전히 이야기하고 있죠."

"아르수아가, 너무 어지럽네요. 뇌는 너무 많은 도시가 있는 국가 같아요."

"여기 휴게소에서 잠깐 쉬면서 전체적인 지도를 그려 줄게요."

아르수아가는 차를 세우고 지하철 노선과 비슷한 도표를 하나 그렸다.

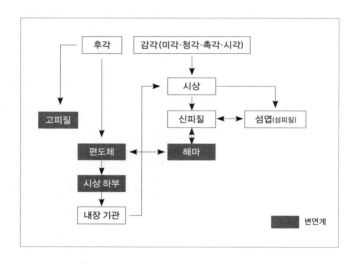

사피엔스의 의식

다시 시동을 걸고 출발하며 나는 이 모든 것을 받아들였다. 하지만 내가 원할 때 숨을 멈추거나, 동맥으로 피를 펌프질하여 내보내는 것을 멈출 수 없다는 사실이 너무 놀랍기도 하지만 짜증도 난다고 이야기했다.

"누구든 자신이 원하는 대로 몰입할 수도 있어야 하고, 벗어날 수도 있어야 해요." 그리고 한마디 덧붙였다.

"스탠리 큐브릭의 영화 〈2001 스페이스 오디세이〉에 등장하는 컴퓨터 HAL 9000의 고통을 떠올려 보세요. 자신의 전원을 뽑지 말라고 애원하죠."

"나는 다른 사람들에게 내 전원을 뽑지 말라고 이야기하는 게 아니라, 내가 스스로 내 의지에 따라 전원을 뽑는 것에 관해 이야기하는 거예요."

"좋아요. 자살도 전원을 뽑는 방법이죠."

"자살은 상당한 정도의 폭력을 담고 있죠. HAL 9000처럼 전원이 뽑히는 것을 거부하는 자율 신경계에, 사실 뭐라고 불리든 상관없긴 한데요. 거기에 맞서야 하니까요. 나는 스위치를 켜는 것과 같은 간단한 행위에 대해, 그리고 불을 끄는 것과 같은 행위에 대해 이야기하는 거예요."

"만약 가능하다면 스스로 전원을 끌 수 있을까요?"

"모르겠어요. 그럴 수 있을 거라고 생각하는 날도 있고, 아닐 것 같은 날도 있어요. 그렇지만 그런 능력이 있으면 좋겠어요. 자율 신경계와 같은 것이 누구 머리에서 나왔을까요? 그것은 어떤 종류의 자유죠?"

"누구 머리에서 나왔을 것 같나요?"

"당신은 진화가 만들어 냈다고 말할 것 같아요. 그러나 나에게 신을 만나 보자고 약속했으니까, 신에게 물어볼 수도 있을 것 같네요."

"좋아요. 한번 시도해 봅시다."


하느님은 결국 부르고스 대성당에 있었다. 물론 주 제대(祭臺)나 부 제대 그리고 성소나 십자가에 계신 것은 아니었고, 성당 건축물이 드러내고자 했던 것, 다시 말해 빛 속에 계셨다. 한마디로 하느님은 빛이셨다. 아무도 부정할 수 없을 테지만, 빛은 정면으로만 바라보지 않으면 우리를 밝게 비춰 준다. 너무 직접적인 질문은 하지 않는다는 조건으로 말이다.

고생물학자와 나는 그곳의 커다란 돌덩이 앞에 있었다. 그는 엄청 행복해 보였지만, 사실 나는 조금 실망했다. 대성당이 기대에 어긋나서가 아니라, 네안데르탈인으로서의 순진함을 간직하고 있었기에 전지전능한 신과 개인적으로 만나는 것을 상상하고 있었기 때문이다. 집요하게 하늘을 가리키는 대성전의 첨탑을 바라보자 젊은 시절 배웠던 호세 마리아 발베르데[*]의 시 첫 연이 떠올랐다.

주여, 언제나 당신을 애타게 부르건만, 당신은 제 곁에 있지 않습니다.
오히려 저 멀리, 내 목소리가 닿지 않는 구름 속에 계십니다.
그리고 가끔 비 그친 후의 태양처럼 다시 나타나시지요.
그래서 당신이 존재한다는 생각이 거의 나지 않는 밤도 있습니다.

바람이 불어 구름을 흩어 놓다 못해 갈가리 찢어 놓았다. 아래로부터 천이 찢기는 듯한 소리가 들려올 정도였다. 수증기 몇 조각이 성당 첨탑에 잠시 걸려 있었다. 한마디로 저 높고 깊은 하늘 위의 분위기는 뭔가 극적인 장면을 연출하고 있었다. 자세 때문에 목이 아팠지만, 혹시라

---

[*]  호세 마리아 발베르데(José María Valverde, 1926~1996)는 스페인 발렌시아 출신의 시인, 수필가, 문학 평론가였다.

도 하느님의 얼굴이 새털구름, 뭉게구름, 층운 뒤에서, 아니 뭐든 상관없이 '비 그친 후 태양처럼' 갑자기 나타날까 싶어 시선을 거둘 수 없었다.

그러는 사이 고생물학자는 고딕 양식을 단순히 건축 양식으로 연구하는 것은 잘못이라고 이야기했다. 그 이상의 의미가 있다는 것이다.

"몇 년 전 인류학을 공부하는 (무신론자이기도 한) 친구와 밀라노의 두오모 대성당에 들어갔어요. 그는 불과 예닐곱 걸음 안으로 들어가더니 '신이 여기 계신다'라고 말했죠." 그가 덧붙였다.

"정말 계셨어요?"

"신의 빛이 있었죠. 빛이요. 선생님이 이해했으면 좋겠다고 생각하는 것이 바로 이거예요. 자, 이쪽으로 와 보세요. 들어가 봅시다. 그리고 예술사에서 설명하는 것과는 다르게 내부를 살펴보세요. 무슨 일이 일어나는지 볼까요?"

우리는 대성당 안쪽으로 들어갔다. 사실 나는 고생물학자의 말에 상당히 영향을 받은 상태여서 하느님을 봤다고는 할 수 없지만 굵은 글씨로 쓴 **빛**은 보았다고 할 수 있었다. 보통 글씨의 빛은 매일 볼 수 있을 뿐만 아니라 언제나 그 빛에 둘러싸여 살아가지만, 그 안에서 신을 찾으려고는

사피엔스의 의식

하지 않는다. 소리와는 달리 빛은 널리 퍼져 나가기 위해 공기와 같은 여타의 물질적 매체가 필요하지 않다. 마치 자기가 자기 자신의 입자이자 매체인 것처럼, 스스로 흘러 갈 수 있는 것처럼 진공 상태에서도 나아갈 수 있는 것이 다. 빛의 운반 수단이 빛 자체인 것처럼 말이다.

대성당 내부는 휘황찬란했다. 오히려 밖보다 안에 더 많은 빛이 있는 것 같았다. 스테인드글라스나 장미창* 그리고 돔의 창문을 통해 단순히 들어오는 것이 아니라, 다시 말해 단순히 수동적으로 빛이 건물 안으로 들어오도록 놔두는 식으로 건축된 것이 아니라, 이례적으로 많은 양의 빛을 잡아당기고 흡수하여 기둥과 기둥 사이의 공간에 비례의 원칙을 지켜 빛을 배치하는 것 같았다. 그리고 이는 어떤 식으로든 가톨릭 내부의 법칙이 존재하는 것처럼 보였다. 그 웅장한, 그러면서도 뭔가 하늘에 떠 있는 듯한 건물의 벽 사이에 갇히자 빛은 진정한 의미에서의 신 혹은 신을 드러낸 성물이 된 것 같았다.

---

* 장미창은 둥근 원형의 창에 적용되는 일반 용어로도 사용되지만, 특히 고딕 건축 양식으로 지어진 성당 건축에서 석조 중간 문설주(mullions) 위에, 둥근 원의 중심으로부터 방사상 형태의 꽃잎형 장식, 트레이서리(tracery)로 구획을 나눈 둥근 창을 가리킨다.

"이 신은 좀 더 대중적이고 투박한 언어로 표현되는 로마네스크 양식의 신과는 관계가 없어요." 고생물학자는 말을 이어 갔다. "로마네스크 양식의 조각을 생각하면 선생님에게 말씀드린 것을 충분히 이해할 수 있을 거예요. 로마네스크 양식의 교회가 가진 특징은 한마디로 어둠이죠. 로마네스크의 신은 어둠의 신이에요. 구약의 신과 조금은 닮았죠."

"그렇지만 그것은 당시 건축의 한계 때문일 수도 있어요."

"반대로 생각해 보세요. 신의 개념이 건축이나 공간의 특징을 부여할 수도 있죠. 주 재료가 빛인 이런 성당을 지은 건축가들은 교양 있고 박식한 신플라톤주의자들이었어요."

"그건 그래요."

"이 모든 것은 12세기 초 파리 교외에 있는 생드니 수도원 주변에서 비롯됐어요. 이 수도원의 원장이었던 쉬제 (Suger) 신부는 빛을 잡아 보려는 인간의 열망을 고려하여 대성전에 새로운 변화를 도입했어요. 첨두아치*, 고딕 양식의 궁륭**, 스테인드글라스로 장식된 벽에 난 커다란 창

---

\* 꼭대기가 뾰족한 아치. 고딕 건축의 중요한 특징 중 하나다.

\*\* 홍예(아치형 구조물)로 인해 천장 혹은 지붕이 형성된 것을 가리키는

문들이 바로 그것들이죠. 신플라톤주의에서 가장 기본 개념은 모든 물질적 존재를 초월한, 그렇지만 모든 존재의 근원인 **하나**(One)예요. 영적인 존재인 영혼은 이 하나를 향해 올라갈 수 있죠. 고딕 양식에서 이 하나, 즉 신은 빛과 동일시되죠. 바로 여기에서 하늘에 닿으려는 열망의 또 다른 표현인 고딕 양식의 성당의 높이가 만들어지는 것이죠. 빛 안에서 모든 것이 수렴하며 모든 것이 하나로 모이죠. 이것은 더 이상 로마네스크 양식의 투박한 조각품만 있었던 그런 기독교가 아니에요. 완전히 다른 모습이에요. 다른 신이죠. 어떤 면에선 철학에서 떨어져 나왔다고 할 수 있는 그런 신 말이에요. 이때 신은 빛을 통해 스스로를 드러내죠."

"좋아요. 그런데 빛은 어떻게 잡을 수 있죠?" 내가 큰소리로 물었다.

"물론 창문을 만들어야죠." 아르수아가가 대답했다. "로마네스크 양식의 교회 벽에 있던 작은 창, 그러니까 진짜로 갈라진 틈새처럼 생겼던 창을 엄청나게 큰 창으로 바꿔

건축 용어. 쉽게 말하면, 천장이나 지붕이 아치형이나 반구형으로 솟아 있는 구조물, 즉 돔 구조를 뜻한다.

야 하죠. 로마네스크 양식에선 궁륭은 원통형이었어요. 아치는 반원처럼 생겼고요. 전체 하중이 벽을 통해 수직으로 전달되므로 벽이 반드시 두꺼워야 했어요. 그래서 궁륭이 높을 수가 없었어요. 게다가 쓸모도 없었고요. 이것은 우리가 원하던 신이 아니었어요. 우리는 사방에서 빛이 들어올 수 있는 정말 높은 궁륭이 필요했어요. 해결책으로 나온 것이 하중을 수직과 수평으로 분산시키는 첨두아치와 고딕 양식의 궁륭이었죠. 기둥을 통해 전달된 하중을 바깥쪽 버팀벽에서 받아들이죠. 이렇게 하면 벽이 하중을 지지하지 않아도 돼서 위에서 아래까지 이어진 유리창을 만들 수 있죠."

아르수아가는 이야기하던 중에 나에게 하중이 다른 곳으로 전달되는 홍예문의 틀을 보여줬는데, 거의 전체를 다 볼 수 있었다. 그는 하중을 이쪽 중인방*이나 다른 쪽 중인방으로 흘러가게끔 유도함으로써 그 궤도를 통제하고 바꿀 수 있는 물체처럼 이야기했다. 장애가 되지 않고, 애도

---

    *    기둥과 기둥 사이에 가로로 놓이는 나무 부재를 말한다. 특히 기둥 중간 높이에 설치되어 하중을 분산시키거나 구조적 안정성을 높이는 역할을 한다.

              **사피엔스의 의식**

먹이지 않고, 빛이신 하느님께 길을 내주도록 한 것이다. 나는 하중을 생각하며, 뉴런이 매 순간 유용성에 기초한 판단에 따라 뇌의 커넥톰으로 재현된 지하철 노선 중 하나를 선택하는 것과 똑같이 한 지지대에서 다른 지지대로 옮겨 다니는 아이디어를 떠올렸다.

"만약 로마네스크 양식의 교회와 고딕 양식의 교회를 무거움과 불투명도의 측면에서 비교하면 추상화의 정도에서 커다란 격차를 느낄 수 있을 거예요. 기술적인 면에서의 해결책이 새로운 철학과 새로운 신학에 엄청난 봉사를 한 것이죠. 이 운동을 주도한 사람들은 고대 수도사들과는 관계가 없어요. 하중이 벽으로 전달되는 것을 피할 방법을 예전엔 아무도 생각해 내지 못했죠."


나는 대성당이 문(입이라고 할 수 있는 것 중 하나를 통해)을 통해서만 내부로 들어갈 수 있는 몸과 같다는 생각이 들었다. 성당의 중앙 홀로 빨려 들어간 우리는 중앙 돔 바로 아래에 도착했다. 이곳은 십자가를 구성하는 두 팔이 직각으로 교차하는 지점에 있는 곳으로, 대체로 돔 혹은 탑 형태의 구조물이 자리 잡고 있었다. 부르고스 대성당의 중앙 돔은 팔각형 모양이어서 다시 한 번 하중을 균등하게 분산시켰고, 여덟 면 각각에 달린 커다란 창문 덕분에 그 높이의 사방에서 쏟아지는 햇빛을 싹 다 잡아들이고 있었다.

중앙 돔 아래에 서자, 샘물처럼 높은 곳에서 쏟아진 다양한 색의 빛으로 샤워를 했다. 최면을 거는듯한 아르수아가의 목소리가 배경처럼 둘러싼 가운데 나는 하마터면 무릎을 꿇을 뻔했다. 물론 그러진 않았다. 그러나 어떤 식으로든, 내가 이미 건축물에 의해 집어삼켜져 식도를 지나, 신의 이름으로 건축된 것이 아니라면 분명 악마나 만들었음직한 건축물의 기적에 방문객들이 소화되어 녹아내릴 것만 같은 지점에 도착했다는 사실을 느낄 수 있었다. 측면의 경당(capilla)*을 걷는 몇 걸음만으로도 완벽하게 소화가 되어 버린 것 같았다. 신체에 비유했던 걸 완성하려고 그랬는지, 나는 그 경당들이 소포(vesicle), 다시 말해 몸 안에서 액체를 분비하거나 신경 세포들의 소통에 필수적인 신경 전달 물질을 담고 있는 작은 주머니 같은 기관처럼 보였다. 경당 하나하나엔 경당을 세우거나 그 안에 묻힌 성자나 성녀와 관련된 이야기가 있었다. 물론 하나하나가 곧 작은 이야기로 모두를 모으면 긴 소설도, 역사 강의도

---

\* 성당 내부 또는 외부의 작은 기도 공간.

사피엔스의 의식

될 수 있었다.

성당 밖으로 나가자 훌륭한 사피엔스로서 사방에 인맥을 가졌던 아르수아가는 핸드폰을 꺼내 누군가와 통화를 했다. 그러자 금세 서너 명의 사람이 나타나 우리를 환영했다. 그중 한 사람이 알바로 미겔 프레시아도였는데, 그는 우리를 특별하다고밖엔 말할 수 없는 몸(성당)의 가장 깊이 감춰진 공간과 피부를 안내하겠다고 나섰다. 이를 위해 그는 우리를 먼저 컴컴한 곳으로 데려갔는데, 그곳은 거의 수직에 가까운 좁은 나선형 계단이 시작되는 곳이었다. 우리는 질식할 것 같은 통 안쪽 계단을 통해 위로 오르기 시작했다.

한쪽에는 돌벽이, 다른 쪽에는 나선형 계단의 돌로 만든 축이 있었는데, 나는 자꾸만 어깨를 이 두 곳에 부딪혔다. 위를 바라보며 수직에 가까운 통이 얼마나 좁은지 깨닫는 순간 나는 극심한 폐소 공포증을 느꼈다. 나는 최대한 빨리 올라갔고, 숨이 가빠지기 시작할 즈음 오른쪽으로 작은 문 하나가 나타났다. 나는 앞에 가고 있던 고생물학자와 안내인에게 잠깐 쉬어 갈 것을 요구했다. 문을 열자 반대쪽에는 중앙 돔의 안쪽 부분이 나타났다. 실제로 공중에 떠 있는 듯한 아주 좁은 갤러리, 즉 트리포리움(triforium)*이 있었는데 여덟 면의 유리창을 통해 들어온 빛을 온몸에 받고 싶어 좁은 곳에서 서로 밀쳤다. 돌은 존재하지 않았거나 사라져 버렸다. 우리는 빛의 거품을 타고 떠다니고 있었다. 천재의 두개골 내부의 가장 높은 곳에 설치된 전망대에서 그의 사상을 바라보는 것과 비슷한 것 같다는 생각이 들었다. 우리는 전체와 관련해 봤을 때 아주 작은 것이었다. 눈이 이 이상한 분위기에 좀 적응이 되자 유리창을 주목했는데, 그중 하나에 '부르고스 신용 금고'라는 글이 쓰여 있는 것을 보고 깜짝 놀랐다.

"저기 '부르고스 신용 금고'는 도대체 뭐죠?"

"이 유리창들은 모두 새로 설치한 거예요. 그래서 후원한 사람들의 이름을 붙였죠."

나는 자본주의와 신의 연합이 별로 좋아 보이진 않았지만, 알바로 미겔 프레시아도는 이것을 정상이고 합리적이라고 확신했다.

"누가 중앙 돔을 지었을까요?" 그는 나에게 확실하게

---

\* 주로 고딕 양식 건축에 보이는데, 성당 내부의 벽면 중간 부분에 위치한 좁고 길게 나 있는 복도다.

알려 줬다. "당시 성당 건축을 지시한 사람들의 이름이나 문장이 저기 새겨져 있어요. 그럼 중앙 돔을 복원한 사람은 누구일까요? 그게 바로 2002년 '부르고스 신용 금고' 예요."

"정말 설명을 잘하시네요." 나는 고개를 끄덕였다. "그러나 부르고스 신용 금고도 코카콜라가 쓰여 있는 것만큼이나 이상해요."

나는 이런 식의 은행 광고가 좀 황당하단 생각이 들었다. 이런 광고 문구 발견에 실망도 하고 현기증에 맞서 싸우기도 하면서 아래쪽을, 즉 기둥과 기둥 사이의 홀 두 곳이 서로 교차하는 곳을 바라보며 나는 신용 금고가 파산하기 전에 고객들을 속이기 위해 사용했을지도 모르는 부실 담보 대출과 우선주를 생각했다.

그 순간 생각지도 못했던 일이 벌어졌다. 그러니까 대성당 깊숙한 곳에서 누군가가 요한 세바스티안 바흐의 '예수, 인간 소망의 기쁨'을 연주하는 오르간 소리가 들려오기 시작한 것이다. 우리는 소리와 빛이 하나가 되어 얽히고설켜 이야기 줄거리를 만들어 내는 것에 넋이 나갔다. 지상에서 80미터 높이의 허공에 매달린 채 홀로 남겨진 우리만을 위한 공연이었다.

허공을 떠다니는 듯한 느낌이었다.

"이것이 선생님의 질문에 대한 신의 대답이라는 생각이 들지 않는다면" 아르수아가가 내 귀에 대고 이야기했다. "선생님은 이해력이 부족한 거예요."

기적으로부터 깨어나 우리는 중앙 돔의 두개골 상자에서 벗어나 좁은 나선형 계단을 계속해서 올라간 끝에, 결국 성당 건물 지붕으로 나왔다. 그곳에선 돌 때문에 이쪽저쪽으로 가해지는 다양한 압력을 전달하는 일을 맡은 플라잉 버트레스(arbotante)*가 똑똑히 보였다. 지붕과 벽 모두 알아볼 수 없는 비밀의 알파벳을 형성하는 이끼로 덮여 있었다. 나는 걸음을 멈추고 잠깐 그것을 뚫어지게 바라보았다. 그 순간, 이끼의 생김새 속에 감춰진 알파벳뿐만 아니라, 파레이돌리아(pareidolia)가 욕실 타일이나 자연의 생김새에서 찾아볼 수 있게 했던 얼굴과 흡사한 것도 어렵지 않게 찾아볼 수 있었다. 이끼와 지의류로 대표되는 미시적인 것에 신경을 써야 할지, 아니면 가고일(gargoyle)**, 첨탑, 탑 등으로 구

***

\* 건물이 무너지지 않도록 외벽에 덧댄 구조물인 부벽 중 벽체와 완전히 분리된 독립된 벽을 뜻한다. 주로 고딕 건축 양식의 건축물에 사용되며, 아치 모양의 팔로 외벽의 압력을 지탱하는 형태다.

\*\* 중세 교회 고딕 건축에 활용된 가고일(gargoyle)은 원래는 타락한

성된 거시적인 것을 관심을 두어야 할지 알 수 없었다. 그렇지만 대기가 만들어 내는 여러 모습에도 관심을 기울여야만 했다. 높은 곳에 올라와 있다 보니, 바람도 아래에 있을 때보다는 강하게 불어왔고 구름도 빠른 속도로 달리다 사라지길 반복했다. 까마귀가 하늘을 가로지르며 우리에게 뭔가를 경고하는 것처럼 큰소리를 울었다.

고딕 건물의 피부에 해당하는 외부를 둘러보며 받은 정말 희한한 인상들을 시각, 촉각, 후각 심지어는 미각까지 동원해 하나로 모으면서도, 귀는 가이드인 프레시아도의 말을 열심히 듣고 있었다. 그는 대성당이 가진 역사적으로 세세한 기록들을 털어놓고 있었다. 1221년 파리 대성당을

천사인 사탄의 그로테스크한 모습을 하고 있다. 그렇지만 중세 교회 건축에서 흔히 볼 수 있는 가고일은 신화와 전설 등 민간 설화 속 생물이나 키메라처럼 실존하지 않는 괴물의 형상도 있고, 심지어는 사람도 등장한다.

가장 중요한 가고일의 고딕 건축물에서의 기능은 물과 연결되어 있다. 로마네스크 양식의 건축물과 달리 얇은 벽을 가진 고딕 석조 건물에서 가장 큰 위협은 '물'이다. 따라서 지붕에 모인 빗물을 벽체에서 멀리 보내야 건물의 안전이 담보된다. 그래서 지붕에 모인 빗물이 홈통을 통해 내려오는 중간에, 그리고 지상 가까운 곳에서 배수로로 들어가도록 하는 일이 가고일의 용도다. 가능한 한 빗물이 멀리 떨어지게 하여 벽과 석조물이 손상되지 않도록 하기 위함이다.

본 따 짓기 시작한 대성당은 (부르고스 신용 금고의 자금 지원에서 볼 수 있듯이) 아직도 완성됐다고는 할 수 없었다. 15세기에 뼈대 대부분이 완성됐지만, 그 후에도 몇 세기에 걸쳐 증축과 개축이 계속됐다.

탑 위에 세워진 첨탑 역시 15세기에 만들어진 것으로, 첨탑만 제거하면 기본 탑 모양은 노트르담 대성당의 탑과 엄청 비슷하다. 하지만 아직은 대성당이 확실하게 완성됐음을 보여 주진 못하고 있다.

우리 발아래 펼쳐질 정면의 산맥을 배경으로 부르고스를 보기 위해, 바람 때문에 균형을 잃을까 조심조심 지붕 사이로 난, 양옆에 아무것도 없는 좁은 통로를 따라 대성당 정면 가운데 쪽으로 나아갔다. 그렇지만 우리는 그곳에서 채 2분도 버티지 못했다. 높은 곳에서 세상을 바라보며 느꼈던 우월감도 추위와 불안정한 돌풍 그리고 현기증에 완벽하게 상쇄됐다. 최소한 나는 계속해서 위험하단 생각이 들었다. 더욱이 아르수아가가 내 평형 감각을 시험하겠다고 위협했던 것이 떠올랐고, 그 말이 진짜였다는 생각도 들었다.

우리는 '고요의 순간'을 찾아 이번엔 남쪽 탑 안으로 모험을 떠났다. 비둘기들의 뼈를 밟으며 가야 했던 탓에, 신발

밑창에서 아래에서 삐걱대는 소리가 났다. 12시인가 1시인가를 알리는 종소리가 났는데, 시간 개념이 없어져 정확하게는 말할 수 없었다. 내가 실신 직전인 것을 보고 고생물학자는 백팩에서 에너지바를 꺼냈다. 우리는 성찰하는 자세로, 다시 말해 뭔가를 먹고 있다는 사실을 의식하면서 천천히 먹었다. 어디에서도 신은 볼 수 없었다. 그렇지만 신이 나를 계속해서 지켜보고 있다는 생각은 떨칠 수 없었다. 빛의 신은 폭풍의 신이기도 하다는 생각이 들었다.

탑의 내부, 바로 그곳에 또 다른 나선형 계단이 있었다. 이번엔 철제 계단이었는데, 이 계단을 통해 우리는 첨탑 가장 높은 곳까지 올라갈 수 있었다.

"이 계단은 에펠탑과 샌프란시스코의 금문교와 같은 해에 만들어졌어요." 알바로 미겔 프레시아도가 우리에게 알려 주었다.

그래서인지 닮은 점이 한눈에 들어왔다.

우리에게 올라가자고 하지는 않을 것 같다는 생각을 했는데, 알바로뿐만 아니라 고생물학자도 전혀 지친 기색이 아니었다. 오히려 건물의 가장 높은 지점까지 포기하지 않고 올라갔기 때문에, 나 역시 포기하지 않고 끝까지 그들 뒤를 따랐다. 우리는 거대한 바늘의 내부를 통해 올라가고 있는 듯한 느낌이었다. 내부의 벽은 장인들이 만든 직물과 비슷한 섬세한 패턴으로 가득 차 있었다. 불과 몇 분 만에 위험스럽게 허공에 몸을 내밀고 있었다. 정말 나는 애써 무시하고픈 그런 높이였고, 그곳에서 우리는 도시의 지붕들이 어떤 식으로 배치되어 있는지를, 아르란손(Arlanzón) 강이 굽이치는 모습을 감상할 수 있었다. 그뿐만 아니라 모든 것이 축소된 모형처럼 보였는데, 여기엔 저 아래에서, 중력에 맞서 싸우는 우리와 달리 중력에 순응하며 딱딱한 땅에 붙어 거리를 가로지르는 난쟁이 같은 시민들도 포함되어 있었다.

"이 철 나사를 우리는 로블론(roblón) 리벳*이라고 부르죠." 프레시아도가 입을 열었다, "아마 마드리드의 지하철역에서 본 적이 있을 겁니다."

물론 우리는 그것을 본 적이 있었다. 하지만 나는 그것을 레마체(remache) 리벳이라고 불렀고, 이는 에펠탑의 철골 구조를 따라 쭉 박혀 있는 것을 떠올리게 했다.

약간의 휴식이 나를 조금은 안정시켜 주었다. 그렇지만

---

* 철이나 다른 연한 금속으로 만든 못으로, 두 개의 부품을 연결하는 기계적 결합 장치를 의미한다.

한편으론 나를 힘들게 하기도 했다. 높은 데에서 세상을 보는 데 익숙해지면, 떨어지는 것에선 뭔가 굴욕감을 느끼게 된다. 그리고 분명한 것은 우리가 계단으로 내려갔다기보다 계단으로 떨어졌다고 말하는 편이 맞을 것이다. 아르수아가는 우리가 이번 프로젝트 초기에 이야기했던, 대성당 내부에, 그것도 오르간 가까이에 있는 16세기에 제작한 오토마타인 파파모스카스[**]를 한번 보길 원했다. 이것은 시간을 알리기도 했지만, 미사를 보면서 지루하다고 하품을 해대는 신도들을 흉내라도 내는 것처럼 '파리를 잡듯이' 입을 벌렸다 닫았다 하면서 움직였다.

"서둘러요!" 오후 2시가 다 돼 가자 고생물학자는 나를 재촉했다.

우리는 제 시각에 맞춰 도착했다. 우리가 도착하자마자 알록달록하게 색을 입힌 나무 인형이 오른손을 위아래로 움직여 종을 치기 시작하며 입으로는 앞에서 설명한 동작을 했다. 사실 조금은 무서웠다. 장인의 작업장이 아닌 스

---

[**]  '잡다'는 의미의 동사 papar + '파리'를 의미하는 moscas를 합성하여 만든 단어. 여기서는 부르고스 대성당 서쪽 천장에 걸린 시계 위에 있는 인형을 의미한다. 시간에 맞춰 종을 울리며 입을 열고 닫는다.

티븐 킹의 상상력에서 나온 것처럼 보였다. 우리에게 웃음도 짓고 이빨도 보여 주었는데, 정말 재수 없어 보였다. 미친놈 같았다.

"이제 다 봤어요." 아르수아가는 만족스러운 표정으로 이야기했다.

부르고스로 여행을 떠나기 며칠 전, 평소처럼 나는 여행의 목적지를 모르고 있었기 때문에 고생물학자에게 날씨가 추울지, 혹은 위험을 감수해야 할지를 물어봤다. 아르수아가가 분명히 내 신체적, 정신적 한계를 극한까지 밀어붙이는 것에서 쾌감을 찾는 것 같다는 사실을 나도 어느 정도는 감지하고 있었기 때문이었다. 그는 "가장 위험한 것은 오헤다의 양이에요"라고 아주 짧게 대답했다.

고고학 유적지나 계곡에 '코르데로(스페인어로 양) 델 오헤다'라는 이름을 붙였을 거라고 생각했다. 잘은 모르지만, 선사 시대 양의 유해가 발견된 곳으로 조사 결과 아주 중요한 발견으로 판명된 곳에 말이다. 한편으론 곧 하느님을 뵙게 될 것이라고 이야기해서 그런지 문득 미사 때 낭송되는 가톨릭 전례의 문구가 떠올랐다. '하느님의 어린 양, 세상의 죄를 없애시는 주님, 저희에게 자비를 베푸소서!'

한마디로 모든 것이 잘 맞아떨어졌다. 코르데로 데 오헤

사피엔스의 의식

다는 진흙투성이의 접근이 어려운 곳일 가능성이 있다는 생각에 특별한 신발을 신는 것이 필요한지 물어보았다. 그는 그렇다며 등산화가 필요하다고 대답했다. 나는 등산화가 없었지만 그렇다고 한 번 사용하기 위해 등산화를 산다는 것은 낭비라는 생각이 들어서 내 발 사이즈의 등산화를 가지고 있는 친구에게 빌려 달라고 부탁을 했다.

그러나 사실 코르데로 데 오헤다는 부르고스에선 아주 유명한 오헤다라는 상호의 레스토랑에서 파는 구운 양고기였다. 그곳에서 정말 맛있는 새끼 양의 고기를 먹었다. 어렸을 적부터 배웠듯이 신은 모든 곳에 임하시기 때문인지, 신의 맛이라는 생각이 들었다.

부드러운 양갈비 중 하나를 깨끗이 발라먹으며 내가 잘못 이해하고 있었던 것을 아르수아가에게 이야기하자 그는 웃음을 터트렸다.

"이 레스토랑은 세상 사람이 다 알아요." 힐난조로 이야기했다.

"분명한 것은 내가 몰랐다는 거죠. 그런데 왜 나에게 등산화를 신으라고 했어요?"

"대성당이 산하고 비슷한 점이 있어서요. 그렇게 생각하지 않으세요? 선생님이 평소에 신던 구두로 지붕을 걸었다면 발이 완전히 엉망이 됐을 거예요. 구두도 다 망가졌을 테고요. 선생님은 좀 더 활동적이고 스포티한 옷차림에 익숙해져야 해요. 선생님을 스포츠 용품점인 데카트론에 데려갈 수 있을지 한번 볼게요."

"벌써 5년째 말만 하고 있잖아요."

"언젠가는 현실이 되겠죠."

와인과 고기로 기력을 되찾고, 지금은 이름조차 기억이 잘 나지 않는 달콤한 디저트로 마무리한 다음 우리는 다시 낡은 닛산 주크에 올라 마드리드로 돌아가기 위한 여행을 시작했다.

출발한 지 얼마 되지 않아 고생물학자는 입을 열었다.

"괜찮으면 졸리지 않도록 이야기 좀 할게요. 지난번 사고 이후 졸리는 것이 무서워졌어요."

"괜찮아요. 재미있는 이야기만 한다면요."

"파파모스카스를 생각하고 있었어요. 정말 인상 깊은 장난감이죠. 16, 17세기에는 사람들은 스트라스부르 대성당의 시계와 같은 천문 시계와 바로크 시대의 과학 혁명을 이끈 오토마타에 매료됐어요. 신도 변화해요. 이와 같은 오토마타나 태엽 시계의 등장과 같은 별것 아닌 것들로 인한 변화도 경험했죠. 그러자 갑자기 우주가 기계로 인식되기 시작했어요. 불변의, 그리고 예측 가능한 물리 법칙에 따라 움직이는 기계 말이에요."

"예측이 가능하다고요?" 나는 쓰나미를 비롯한 여타 자연재해를 생각하며 질문을 던졌다.

"네! 100년 후에 천체가 어디에 있을지 이야기할 수 있어요."

"느닷없이 우리를 덮치곤 하는 자연재해는요?"

"정보 부족 탓이에요. 이미 바루티아에서 점심을 먹으며 언급했잖아요. 세상을 기계로 이해하면서 과학이 태어났어요. 왜냐고요? 갑자기 세상을 이해할 수 있게 됐거든요."

"그때까지 무슨 일이 있었는데요?"

"그때까지만 해도 세상은 감탄과 묘사의 대상이었지 이해와 해석의 대상은 아니었어요. 그런데 별안간 바로크 시대의 과학자들(코페르니쿠스, 갈릴레오, 뉴턴…)이 세상에 나왔어요. 그리고 이들은 세상이 수학식으로 공식화할 수 있는 기계 장치라는 사실을 발견했어요. 세상만사가 기계의 원리에 지배를 받는 거죠. 데카르트는 우리를 영혼을 가진 기계라고 생각했어요. 이어서 윌리엄 하비는 혈맥 순환을 발견했을 뿐 아니라 인간을 수압에 의해 움직이는 기계 장치의 일종인 오토마타로 생각하기에 이르렀지요. 한마디로 글자 그대로 기계라는 거죠."

"기계학에 관한 프랑스 백과사전 한 질이 있는데, 정말 굉장해요. 특히 삽화가요."

"메커니즘은⋯ 중고등학교 시절의 고전적인 문제를 한 번 생각해 보세요. 기차가 마드리드를 5시에 출발했어요. 이 기차가 시속 120킬로미터로 달리면 사라고사에서 15분 후에 출발하여 시속 100킬로미터로 달리는 기차와 언제 어디서 만날까요?"

"무슨 말을 하고 싶은 거죠?"

"모든 것이 계산 가능하다는 말이요. 기차는 특정 시간, 특정 장소에서 만날 거예요. 절대로 벗어날 수 없죠. 이미 우리는 신을 바꿨어요."

"이제 더 이상은 빛의 신이 아닌가요?"

"이젠 아니에요. 더는 빛을 통해 나타나지 않아요. 이젠 우리는 시계공 신을 상대하고 있어요. 건축가라고도 할 수 있죠. 갈릴레오는 세상을 신이 인간에게 쓴 편지라고 하고는 수학 언어로 쓰여 있다고 주장했어요. 신은 우주의 움직임 안에서 자기를 계시하는 거죠."

"시계 공장에서요."

"맞아요. 바로 여기에서 과학이 태어났어요. 그러니 과학은 기계론이라고 할 수 있죠."

소모시에라에 도착한 고생물학자는 갑자기 포장도로에서 벗어나 비포장도로로 들어갔다. 그리고 두어 번 방향을 틀더니 차를 세웠다. 나는 몇 년 전 늦봄에 아르수아가와 함께 이곳에 와 금작화가 활짝 폈던 장관을 본 적이 있어서 금세 알아볼 수 있었다. 빽빽하게 핀 노란 꽃들이 피어올라 자석처럼 수분 매개 곤충들을 불러 모았다. 금작화가 있는 곳엔 나비가 있었다. 이 경험에 관해선 우리 책《루시의 발자국》1장에서 이야기했었다.

벌써 겨울로 접어들고 있었고, 따라서 꽃은 없었다. 그러나 '초레라 데 로스 리투에로스(Chorrera de los Litueros)' 혹은 '초로 데 소모시에라(Cuorro de Somosierra)'라고 부르는 폭포의 물소리가 여전히 희미하게나마 들려왔다. '카뇨(Caño)' 실개천으로 알려진 물줄기로 만들어진 이 폭포는 과달라마 산맥의 수많은 산 사이를 굽이쳐 흘러 결국 50미터 높이의 멋진 폭포가 되어 떨어진다. 우리는 다시 한 번 이 폭포를 보려고 다가갔다. 폭포를 뚫어지게 바라보고 있노라면 우리의 만남이라는 원이, 사피엔스와 네안데르탈인 사이에서 실패할 수밖에 없었던 우정의 원이 마무리되는 것을 느꼈다. 두 사람은 조용히 물의 장막 앞에서 물줄기가 돌바닥에 부딪히면서 만든 완벽하게 원자화된 물을 얼굴로 받아내야만 했다.

"해빙이 시작됐나 봐요." 아르수아가가 입을 열었다. "유량이 많이 늘었어요."

우리는 거의 종교적이라고 할 수 있는 침묵을 지키며 차로 돌아오는데 황혼이 한층 더 붉게 물들고 있었다. 등 뒤에 남기고 떠나온 폭포 소리와 어우러진 강력한 붉은색으로 타올랐다. 이는 최소한 나에겐 아주 희한한 신경 현상을, 예컨대 감각을 자극하면 다른 감각의 감각적 경험이 촉발되는 그런 현상을 불러일으켰다. 폭포 소리가 하늘의 색을 닮아 붉게 물들었다. 혼란에 빠져 안절부절 못하던 중에 고생물학자의 말소리가 들려왔다. 나에게 다양한 신을 소재로 한 일품요리를 대접하겠다고 이야기했다.

"가장 원하는 것을 고르면 돼요. 로마네스크의 신, 고딕의 신, 바로크의 신…"

"무슨 기준으로…"

"선생님의 의식이 말하는 대로 고르세요."

"그렇지만 우리는 아직 의식이 무엇인지 규명하지 못했어요."

사피엔스의 의식

"선생님은 그렇게 믿는지 모르겠어요. 그렇지만 우리는 지난 몇 달 동안 다른 것에 대해선 전혀 이야기하지 않았어요. 문제는 선생님이 데카르트의 정신/육체라는 이원론적 사고에 얽매여 있다는 거예요. 신체 내부에 대한 실시간 정보를 가지지 못하면 의식이 만들어지지 않아요. 몸 상태에 대한 정보는 언제나처럼 시상을 거쳐 (라틴어 '섬'에서 온) 섬엽이라는 대뇌 피질의 주름에 도착하게 되어 있어요. 뇌의 또 하나의 엽으로 간주되는 섬엽은 기본적인 감정, 즉 주관성에 따라 경험하는 것과 많은 관련이 있죠. 포르투갈의 신경과학자인 안토니오 다마지오는 컴퓨터는 몸이 없어서 의식이 없다고 이야기했어요. 즉 지금 상태가 어떤지, 어떻게 느끼고 있는지를 말할 수 없고, 또 터놓을 수도 없어서 말이에요. 요약하자면 '내장'이 사람의 '의식'을 만들어요. 우리가 '몸'이지 '몸'을 가지고 있는 것이 아니에요. 데카르트가 착각한 거죠."

"나의 식물 신경계가 어떻게 의식의 일부를 형성할 수가 있죠? 당신은 지금 육체적인 것이 아니라 뭔가 정신적인 것을 이야기하고 있어요."

"선생님이 원하는 대로 불러도 괜찮아요. 이 문제에 관해선 합의에 도달하지 못할 테니까요. 중요하지 않아요.

그래도 친구는 친구인걸요. 잠깐만요. 아직 신을 선택하지 않았어요. 그래야 일이 생기는데."

"무슨 일이요?"

"갑자기 바뤼흐 스피노자가 서구의 지성계에 나타나 모든 것을 바꿔 놓았어요. 신은 시계공도 아니고, 기계를 만드는 사람도 아니라고 했어요. 신이 기계라는 거죠. 선생님이 본 모든 것이 신이에요. 게다가 선생님과 나도 마찬가지로 신이고요."

"렌즈 만드는 일만 하던 사람에게서 이런 아이디어가 나왔다는 것 자체가 너무 놀랍네요. 그 아이디어는 어마어마한 상징적 의미를 지녀요. 다시 말해 엄청나게 드라마틱하다는 거죠."

"그럴 수 있어요. 스피노자는 정말 위대한 인물로 에피쿠로스와 같은 선상에 있어요. 스피노자는 과학이지만 감정이 있어요. 완전히 수학적인 과학이 아니죠. 신은 기계를 발명한 사람이 아니라 기계 자체라는 아이디어는 정말 놀랄 만해요. 유대인 공동체는 잘 알려지지 않은 이유로 그를 유대 교회에서 쫓아냈어요. 스피노자를 향한 유대 공동체의 증오는 이해하기 어려워요. 그가 한 말이 유대인들에게 그리 심각한 문제는 아니었을 텐데 말이에요. 그

사피엔스의 의식

는 마지막 순간까지 렌즈를 만들며 아주 검소한 생활을 했
죠."

고생물학자는 잠깐 말을 멈추고 핸드폰에서 보르헤스가
스피노자에게 바친 소네트를 찾아 큰소리로 읽어 주었다.

한 유대인의 투명한 손이
희미한 어둠 속에서 렌즈를 깎는다
저물어 가는 오후는 두려움이자 추위였다.

(오후는 언제나 또 다른 오후와 닮아 있다)

손 그리고
게토*의 경계 안에서 창백해져 가는 히아신스의 공간은
투명해진 미로를 꿈꾸는
조용한 인간을 위해 존재하지 않는다.

명성도 그를 방해하지 못한다.

* 소수 인종, 민족, 종교집단이 거주하는 구역을 가리키는 말. 주로
빈민가를 형성하며 사회, 경제적인 압박을 받는 곳으로 제2차 세계 대
전 당시 유대인 게토가 가장 대표적이다.

또 다른 거울에 비친 꿈속의 꿈의 그림자일 뿐

처녀들의 겁에 질린 사랑은 아니다


메타포와 신화에서 벗어나

치열하게 렌즈를 깎는다.

스스로가 이 세상 모든 별이기도 한 그 사람의 무한대로 뻗

어간 지도.


"이제 의식을 가지고 선택할 수 있어요." 그는 결론을 내

렸다.

　나머지는 침묵뿐이었다. 마드리드에 도착한 우리는 수

줍게 작별의 포옹을 했다.

　이것이 전부였다.

　　　　　　　　　　　　　　　　　사피엔스의 의식

# 영혼을 찾는 여정

인간에겐 영혼이, 정신이, 의식이 있을까? 영원한 화두일 수밖에 없는 질문이다. 이에 대해 20세기 초 미국의 의사였던 던컨 맥두걸(Duncan MacDougall)은 영혼에도 무게가 있을 거라는 가설을 세우고, 영혼이 몸을 떠났을 때 무게가 어느 정도 줄어드는지 확인했다. 물론 이는 표본의 수가 너무 적었을 뿐만 아니라, 의미 있는 무게 변화를 보여 준 표본은 하나에 불과했기에 유의미한 결과를 도출하지는 못했다. 그러나 그 후 맥두걸의 실험에서 나왔던 21그램의 차이가 사람들 입에서 입으로 회자되면서, 급기야는 〈21그램〉이라는 영화까지 만들어지기에 이르렀고, 이는 영혼이 있을 거라는 막연한 확신에 상당한 무게를 얹어 주었다.

이 책은 바로 이 오랜 의문에 대한 답을 찾아 떠나는 여행의 마지막 여정이다. 각자 다른 방식으로 인간에 대해 천착해 온 소설가 호세 미야스와 고생물학자 루이스 아르수아가가 대화를 통해 인간의 본질을 새롭게 조명한, 다시 말해 인간의 진화, 죽음 그리고 의식에 대한 다양한 논란을 정리한 3부작의 마지막 작품이다. 진정한 의미에서 인간은 동물과 다른가? 인간만 '의식' 혹은 '정신'이 있는가? 그렇다면 이런 '의식'은 어떻게 형성되는가? 이에 대해 인문학적 소양을 바탕으로 직관적이고 감성적인 접근을 시도하며 독자를 대신하여 끊임없이 질문을 던지는 미야스와, 과학자의 시각에서 현대 뇌과학과 진화생물학 연구 성과에 기초해 쉽게 풀어 설명하려는 아르수아가를 대비시켜 충돌하는 두 관점의 조화를 추구함으로써 독자들에게 새로운 지적 탐험과 통찰의 세계를 가능케 하고 있다.

이 책은 프루스트의 마들렌 이야기에서, 즉 후각과 기억의 상관관계에서 이야기를 시작하고 있다. 여기에서 냄새 역시 극미량의 물질이 뇌에 직접 접촉하면서 기억을 상기시킨다는 사실을 통해 일단 뇌와 정신의 관계에 대한 방향을 설정한다. 그리고 정보의 양과 복잡계 그리고 결정론, 컴퓨터와 뇌의 차이, 뇌의 크기와 지능에 대한 편견, 라캉의 욕망이론과 이에 기초한 '자아', 자아 형성과 사회 환경과의 관계, 이타성과 상호주의, 네포티즘의 확장과 상징 등으로 연결된 논의는 결국 자아와 타인의 눈과의 관계로 이어지며 결론으로 향한다.

예컨대 아르수아가는 인간의 의식, 우리가 가진 언어 능력, 추상적 사고 능력, 상상력 등이 단순한 본능이 아니라 오랜 세월에 걸쳐 형성된 진화의 산물이며 결국은 모든 것을 과학으로 설명할 수 있는 세계의 한 부분이라는 것을 미야스에게 설명하고 있다. 여기에 더해 이러한 능력이 개인의 물리적인 생존이 아니라 어쩌면 유전자의 생존을 위한 집단의 협력을 통해 발전해 왔음을 보여 줌으로써 인간의 의식 역시 사회적 관계 속에서 심화, 확장되어 왔음을 쉽게 설명하고 있다.

이 책이 던지는 '나는 누구인가'라는 질문은 결국 인간을 어떻게 이해할까에 대한 질문이기도 하고, 인간이 가지는 주관성의 세계에 대한 질문이기도 하다. 결국 이 질문은 신에 대한 질문으로, 우리 인간의 세계관, 우주관이라는 가장 본질적이고 근본적인 성찰의 세계로 연결된다. 여기에서 가장 중요한 것은 '나'라는 개인의 세계관은 인간이라는 사회 집단의 진화와 분리될 수 없음을 간과해서는 안 된다.

그런 의미에서 최근 우리가 겪은 다양한 혼란과도 무관하지 않다. 전 세계 곳곳에서 일어나고 있는 양극화된 집단 사이에서 벌어지는 정치 사회적 혼란, 기후 변화에서 시작한 엄청난 규모의 산불 등 빈번하게 발생하고 있는 자연재해가 야기한 혼란, 트럼프가 외치고 있는 MAGA를 앞세운 자국 이기주의가 초래한 세계 질서의 혼란. 궁극적으로 이 모든 혼란의 중심에는 우리 인간의 인간성과 의식이 자리 잡고 있을 수밖에 없다고 한다면, 이에 대한 해결책 또한 인간의 의식과 사회 공동체의 유지에 대해 새로운 성찰이 필요할 수밖에 없다.

그런 의미에서 이 책은 다시 한 번 인간의 근본적인 성격에 대해 깊이 있는 고민을 시작할 수 있는 좋은 단초를 제공해 줄 것이라고 믿어 의심치 않는다. 이에 '나'와 세계에 관심을 가진 독자라면 시간을 가지고 천천히 곱씹으며 읽어 볼 것을 적극 추천하고 싶다.

남진희

# 사피엔스의 의식
## 스페인 최고의 소설가와 고생물학자의 뇌 탐구 여행

1판 1쇄 발행 2025년 5월 7일

| | |
|---|---|
| 지은이 | 후안 호세 미야스, 후안 루이스 아르수아가 |
| 옮긴이 | 남진희 |

| | |
|---|---|
| 펴낸이 | 이민선, 이해진 |
| 편집 | 홍성광 |
| 디자인 | 박은정 |
| 홍보 | 신단하 |
| 제작 | 호호히히주니 아빠 |
| 인쇄 | 신성토탈시스템 |

| | |
|---|---|
| 펴낸곳 | 틈새책방 |
| 등록 | 2016년 9월 29일(제2023-000226호) |
| 주소 | 10543 경기도 고양시 덕양구 으뜸로110, 힐스테이트에코덕은 오피스 102-1009 |
| 전화 | 02-6397-9452 |
| 팩스 | 02-6000-9452 |
| 홈페이지 | www.teumsaebooks.com |
| 인스타그램 | @teumsaebooks |
| 페이스북 | www.facebook.com/teumsaebook |
| 유튜브 | www.youtube.com/틈새책방 |
| 전자우편 | teumsaebooks@gmail.com |

ISBN 979-11-88949-74-8 03470